KB271165

용기를 내어 당신이 생각하는 대로 살아야 합니다.
그렇지 않으면 머지않아 당신은 사는 대로 생각하게 될 것입니다.
– 폴 부르제(프랑스의 시인, 철학자)

*Il faut vivre comme on pense,*
*sans quoi l'on finira par penser comme on a vécu.*
*– Paul Bourget*

**터닝포인트**는 삶에 긍정적 변화를 일으키는 좋은 책을 만들기 위해 최선을 다합니다.

MICHIKO HIBI
FASHION STYLING
BOOK VOL. 2
MY
FASHION
BOOK
컬러 매칭과 입는 방법에 따라서는
평범한 평상복도 맵시 있게 보인다!
히비 미치코

## 평소 입는 옷으로 세련된 분위기를!

안녕하세요? 패션 어드바이저로 활동하는 히비 미치코입니다. 최근 눈에 띄는 고민 상담 중에 다음과 같은 내용이 있어서 잠깐 얘기해 볼까 합니다.

SNS나 잡지 등을 통해 최신 유행 패션으로 중무장한 멋쟁이 엄마들을 보면 반짝반짝 빛이 나는 모습에 동경심을 갖게 되는 한편으로 자기 자신과 너무 비교되어서 우울해 진다는 이야기인데요.

그 기분은 충분히 이해가 갑니다. 그런데 멋을 부리는 것은 본래 즐거운 행위로 자기 자신에게 자신감을 심어주는 일이라고 할 수 있습니다. 꼭 최신 유행을 따라 할 필요는 없다고 생각합니다. 남들과 비교하기보다 자신만의 매력을 더욱 소중히 여기는 게 중요합니다. 지나치게 꾸미고 치장할 필요도 없습니다. 사실 필자 역시 늘 똑같은 옷만 입고 있거든요(웃음).

지금은 정보가 지나치게 많은 시대입니다. 툭하면 이것도 필요하고 저것도 필요한 상황이 되기 쉽습니다. 게다가 합리적인 가격대의 중저가 아이템도 풍부해서 적당한 가격에 트렌드 제품을 손에 넣기도 쉽습니다. 그렇다고 유행하는 아이템들로만 차려입었

*My Fashion Book* —— *Prologue*

다가는 옷만 도드라져 보이고 '옷을 입은 사람의 매력'은 찾아볼 수 없게 됩니다. 옷을 잘 입는다는 것은 한마디로 말해서 '스타일이 돋보이도록 그리고 입은 사람의 매력이 잘 드러나도록' 연출하는 것이 아닐까 싶습니다.

내가 평소 스타일링을 할 때 주의를 기울이는 점은 '유행 아이템을 활용할 때는 평범하게, 평상시 옷을 입을 때는 요즘 감각으로'라는 것입니다. 전체 코디에 딱 한 곳만이라도 트렌드 요소가 있다면 그것으로 충분히 평범한 옷도 다르게 보입니다.

필자 역시 아직 경험이 충분하지는 않지만, 내 눈으로 보고 직접 입어보고 결과를 확인하는 등의 시행착오를 되풀이하면서 평소 자주 입는 옷을 요즘 감각으로 입는 방법, 실패 없는 선택 방법, 패션 소품을 선택하는 방법, 늘 새것 같은 느낌을 유지하는 관리 방법 등을 누구나가 손쉽게 실천할 수 있도록 정해 놓는 데 힘쓰고 있습니다. 그래서 이 책에서는 그런 패션 스타일의 포인트와 소소한 팁을 많이 담아 구체적으로 전달하고자 합니다.

자신의 패션 스타일에 '이유'를 갖다 붙인다면 패션이 더욱 즐거워지고 자신감을 얻을 수도 있을 겁니다. 그냥 유행하는 스타일을 따라 하면서 안심하기보다 왜 그 아이템을 골랐는지, 컬러 매칭은 왜 그렇게 했는지 등 자기 나름의 멋에 관한 '원칙'을 가진다면 옷 고르는 재미가 훨씬 커집니다.

적절히 최신 트렌드의 감각을 불어넣으면서 평소 입는 옷으로 자신의 개성을 더욱 잘 드러낼 수 있는 멋 부리기를 즐기고 싶다는 분들께 이 책이 조금이나마 도움이 된다면 좋겠습니다.

히비 미치코

*My Fashion Book* —— *Contents*

- **knit** : & NOSTALGIA
- **pants** : &.NOSTALGIA
- **bag** : ZARA
- **pumps** : Spick & Span

# 01

# 가지고 있으면
# 편리한 옷

**useful items for smart person**

적당한 가격에 활용성이 높고
스타일을 돋보이게 할 수 있는
'평상복' 선택 포인트와
옷 잘 입는 방법.

# 드레시한 앵클 팬츠

*ankle pants*

드레시한 스타일에 필수 아이템으로 유행을 타지 않는 기본형 바지. 체형이나 원하는 코디 스타일에 따라 실루엣(턱 주름이 있고 없고)을 구분해서 착용하면 좋은 아이템입니다.

☑ 먼저 갖춰 두면 좋은 색상은 흰색, 검정, 그레이.

☑ 복사뼈가 보이는 길이감이 날씬해 보여서 좋다.

☑ 밑단으로 내려갈수록 폭이 좁아지는 테이퍼드 실루엣을 추천.

---

## 1 턱 주름 없는 것
**NO TUCK**

### 깔끔한 맵시를 원할 때

직선적이고 샤프한 라인이므로 깔끔한 인상을 주고자 할 때 활용. 어떤 스타일과도 어울리는 유행을 타지 않는 실루엣.

- **pants** : PLST

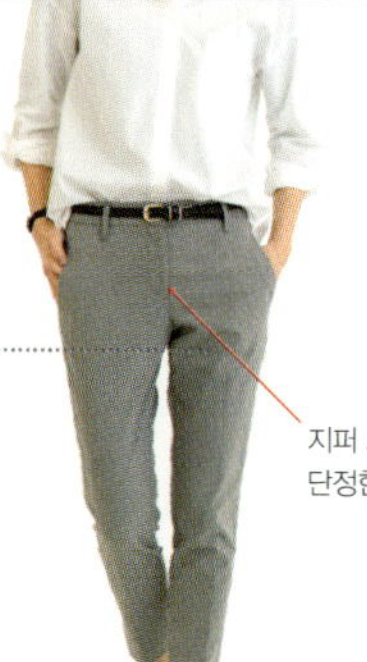

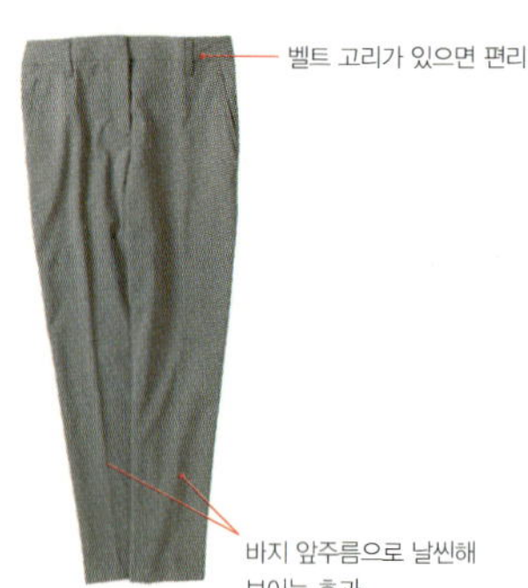


---

## 2 턱 주름 있는 것
**TUCK**

### 너무 딱딱하지 않고 적당히 단정한 느낌을 원할 때

단정한 느낌을 유지하면서 턱 주름의 효과로 적당히 편안함을 연출하고자 할 때 활용. 몸매가 잘 드러나지 않아 체형 커버에 매우 효과적.

- **pants** : PLST

구김이 잘 생기지 않는 저지 소재 바지도 한 벌 가지고 있으면 여행이나 운동회 같은 자리에 편리

- **pants** : &.NOSTALGIA

너무 딱 맞는 사이즈는 다소
모범생 같고 수수한 인상을 준다.

**item : 2**

# 루즈핏 셔츠

*loose shirt*

여성스럽고 편안한 느낌을 주는 트렌드 루즈핏 셔츠는 과한 오버
사이즈일 경우 깔끔하지 못한 인상을 줄 수 있습니다. 적당히 여유
가 있는 사이즈의 것을 고르는 것이 정답입니다.

☑ 어깨 폭은 정사이즈보다 몇 cm 큰 것이 좋다.

☑ 소매는 감아올려서 손목이 보이게 하면 산뜻한 느낌을 준다.

☑ 목 부분은 두 번째 단추까지 풀어 주면 멋스럽게 보인다.

## 블루 계열 셔츠는 매칭성이 우수!

블루 계열 셔츠는 지적이고 쿨한 느낌을 줍니다. 어떤 색과도 잘
어울리고 흰색 셔츠만큼 명암대비가 뚜렷하지 않아 사실 흰색 셔
츠보다 훨씬 조합하기 좋습니다. 니트와 겹쳐 입어도 맵시가 납니
다(p103 참조).

**- shirts (왼쪽) :** UNIQLO **- (가운데) :** BARNYARDSTORM **- (오른쪽) :** THOMAS MASON

# 무릎 아래 길이의 볼륨 스커트

*midi skirt*

여성스러움을 연출해 주는 볼륨 스커트. 무릎이 가려지는 길이감과 볼륨감이 지나치지 않은 실루엣의 것을 추천합니다. 귀여운 느낌보다는 점잖고 고상한 느낌으로.

가지고 있으면 편리한 옷 3

다소 과감한 색상과 무늬라도 얼굴과는 거리가 떨어져 있어 도전하기 쉽습니다. 상의와의 색 조합을 고려하거나 단정한 느낌의 소재를 사용해 차분한 실루엣의 것을 고르면 품위 있어 보이는 느낌을 줄 수 있습니다. (스커트 &NOSTALGIA)

- knit : PLST
- skirt : &.NOSTALGIA
- bag : &.NOSTALGIA
- pumps : VII XII XXX

## ☑ 단정한 실루엣의 스커트를 고르는 방법

## ☑ 기장이 약간 길 때는 중심을 살짝 올려준다.

스커트에 볼륨감이 있어 왠지 촌스럽게 보이는 경우 중심을 살짝 올려주면(시선이 위로 가게 함) 깔끔해 보입니다.

item : 4

# 한 벌로도 맵시 나는 상의

### *look good tops*

아우터가 필요 없는 계절에는 한 벌로도 충분히 맵시 나는 상의가 있으면 편리합니다. 가능한 한 심플한 디자인, 클래식 컬러(기본 컬러)를 고르면 싫증도 안 나고 매치하기도 좋아서 애용하는 아이템이 되겠죠.

**보더 커트 앤드 소운**
UNIQLO

캐주얼한 무늬와 소재의 보더 커트 앤드 소운(cut and sewn). 드레시한 스타일의 아이템과 매치하면 지나치게 캐주얼하게 보이지도 않고 단정한 느낌을 유지할 수 있습니다.

**검정 V넥 커트 앤드 소운**
BEAUTY & YOUTH

티셔츠 감각으로 입을 수 있어서 가벼운 외출 시에 애용하는 커트 앤드 소운입니다. 짱짱한 느낌의 밀라노 리브(Milano rib) 소재라서 고급스러워 보여요.

## 맵시 나는 상의 고르는 방법

☑ **색깔** : 베이식 컬러(p26의 기본 8색)라면

매칭성이 뛰어나 만능으로 활약.

☑ **소재** : 튼튼하고 고급스러워 보이는 것.

☑ **모양** : 길이감이나 실루엣은 최신 스타일로.

☑ **디자인** : 불필요한 장식이 없는 심플한 것.

**페이크 스웨이드 T 블라우스**
UNIQLO

약간 헐렁한 실루엣의 페이크 스웨이드(fake suede) 소재로 부담 없이 입을 수 있고 고급스러워 보이게 하는 편한 아이템. 폴리에스터 소재라서 관리하기도 쉽습니다.

## item : 5

# 롱 카디건
### *long cardigan*

세로 라인이 강조되어 스타일 업 효과가 있으며 체형 커버도 되는 유용한 아이템. 무릎 정도까지 오는 길이감이라면 트렌드에 상관없이 매칭성이 높고, 옆솔기 밑단에 트임이 있으면 걷기도 편하며 경쾌한 느낌도 듭니다.

### 화려하지 않은 색으로 매니시한 느낌의 쿨 & 심플 스타일

가능한 한 심플하게 꾸미고 싶은 날은 일부러 따뜻함이 느껴지지 않는 색으로 통일한 보이시한 배색으로 실버 액세서리를 더하여 샤프함을 살리고 밋밋함을 피합니다.

- **cardigan** : MUJI
- **inner tops** : UNIQLO
- **denim** : PLST
- **bag** : GIANNI CHIARINI
- **shoes** : Pili Plus

### 적당한 릴랙스 감이 있는 캐주얼 스타일

캐주얼한 로고 티셔츠와 드레시한 롱 카디건으로 적당히 힘을 뺀 차림새. 에나멜 소재의 포인티드 토(pointed toe)로 편안하고 단정한 느낌을.

- **cardigan** : MUJI
- **t-shirt** : moussy
- **pants** : UNIQLO
- **bag** : NATURAL BEAUTY BASIC
- **pumps** : FABIO RUSCONI

### 커트 앤드 소울뿐 아니라 셔츠도 이너로 활용 가능

스탠드 컬러의 셔츠라면 너무 딱딱해 보이지도 않고 세련된 느낌을 줍니다. 네이비 셔츠는 검정만큼 무겁지 않으면서 지적이고 신뢰감이 있는 느낌을 줍니다.

- **cardigan** : MUJI
- **shirt** : UNIQLO
- **pants** : UNIQLO
- **pumps** : FABIO RUSCONI

## 블랙 컬러
### - PLST

검정 재킷 감각으로 걸쳐 입을 수 있는 아이템. 모노톤 배색은 물론이고 흐릿한 배색을 또렷하게 해주거나 다른 색을 선명하게 보이게 하는 효과도 있다.

## 그레이 컬러
### - MUJI

어떤 색깔과도 잘 어울려 매칭성이 뛰어난 그레이 카디건. 하이 게이지 소재라면 드레시한 스타일에도, 캐주얼한 스타일에도 OK.

### 캐주얼한 컬러 팬츠를
### 카디건으로 품위 있게 연출

모범생처럼 성실한 인상을 주기 쉬운 검정 카디건을 컬러 팬츠와 로고 티셔츠로 가벼워 보이게 연출. 카디건의 검정이 녹색을 선명하게 해주는 효과가 있습니다.

- **cardigan** : PLST
- **t-shirt** : moussy
- **pants** : GAP
- **bag** : VELES
- **pumps** : BOUTIQUE OSAKI

### 심플한 코디를 검정 롱
### 카디건으로 깔끔하게 연출

갈색×그레이의 애매한 매치도 검정으로 긴장감을 주면서 강약을 조절. 어떤 패션 소품을 매치하느냐에 따라 오피스룩으로도, 휴일 나들이룩으로도 활용 가능합니다.

- **cardigan** : PLST
- **inner tops** : BENETTON
- **pants** : PLST
- **bag** : roberto pancani
- **pumps** : La TOTALITE

### 검정×흰색으로 캐주얼
### 코디를 스타일리시하게

검정 롱 카디건을 걸치는 것만으로도 명암 대비가 뚜렷해서 무난한 보더 티셔츠와 흰색 데님이 스타일리시해 보입니다. 흰색과 검정만으로 매치하는 것이 포인트.

- **cardigan** : PLST
- **inner tops** : MUJI
- **denim** : UNIQLO
- **bag** : IACUCCI
- **pumps** : FABIO RUSCONI

item : 6

# 이것만 있으면 편리한 신발
### *convenient shoes*

코디의 전체적인 인상을 결정짓는 요소는 신발입니다. 그날의 TPO(시간, 장소, 상황)에 맞춰 어울리는 것을 고르면 좋습니다. 실제로 가지고 있으면 좋은 슈즈를 소개합니다.

## 1 | 힐 펌프스
**- Daniella & GEMMA(왼쪽)- Spick & Span(가운데)- La TOTALITE(오른쪽)**

중요한 때 필요한 힐 펌프스. 격식을 차려야 하는 자리에서도 사용할 수 있는 검정은 반드시 갖추어 둬야 할 아이템입니다. 어떤 색과도 잘 어울리고 갖은 상황에 활용할 수 있는 그레이 베이지나 그레이도 있으면 편리합니다. 스타일 업을 노린다면 **7cm** 이상이 좋습니다.

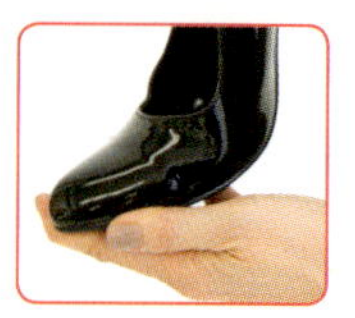
발가락이 바닥에 닿는
부분의 굴곡이 좋아야
덜 피곤하다.

## 2 | 로퍼
**- UNITED ARROWS**

올 시즌 활용할 수 있는 로퍼. 남성적인 스타일로 딱딱한 분위기를 즐기고 싶은 날이나 스커트 코디의 반전 포인트로 활용하기 좋습니다. 캐주얼한 차림에 로퍼를 매치하는 것만으로도 단정한 느낌이 나는 여러모로 유용한 아이템입니다. 우선은 검정을 갖춰 두고 또 하나 더 필요하다면 다크 브라운을 추천합니다.

## 3 | 포인티드 플랫 슈즈
**- FABIO RUSCONI**

플랫 슈즈인데 발끝의 직선적인 실루엣이 여성스러워 보이고 편안하면서도 세련된 인상을 줍니다. 시각적 효과로 다리를 늘씬하게 보이게 할 수 있는데, 가능한 한 발등이 파인 것을 고르면 그 효과가 한층 높아집니다.

## 4 | - adidas, CONVERSE
### 스니커

청결한 느낌과 단정한 이미지를 원한다면 흰색 가죽 스니커. 캐주얼 코디에 신발로 승부를 내고자 한다면 컨버스 스니커. 코디 이미지에 따라 구분해서 활용하고 있습니다.

## 5 | - Pili Plus, PARIGO
### 뱀피 무늬 슈즈

심플한 코디에 고급스럽게 에지를 살리고자 한다면 뱀피 무늬를 추천합니다. 의외로 전체적인 코디에 녹아들기 쉬워 갖춰 두면 유용한 아이템입니다.

---

**참고**

## LET'S ENJOY RAINY DAY

# 비 오는 날에는 이런 신발을!!

사실 레인부츠 이외에는 우천 전용 신발이 아니므로 평소에도 사용할 수 있는 착한 가격의 합성 피혁 에나멜 소재의 제품을 TPO(옷을 시간, 장소, 경우에 따라 맞춰 입는 것)나 기분에 따라 구분해서 사용하고 있습니다.

| RAIN SHOES _ 1 | RAIN SHOES _ 2 | RAIN SHOES _ 3 |
|---|---|---|

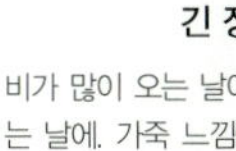

**발레슈즈**

폭신폭신 귀여운 실루엣의 발레슈즈라면 비 오는 날의 기분도 좋아집니다.
(UNIQLO)

**긴 장화**

비가 많이 오는 날이나 눈이 많이 내리는 날에. 가죽 느낌에 깔끔한 실루엣이라 좋아하는 아이템입니다.
(MACKINTOSH PHILOSOPHY)

**에나멜 펌프스**

비가 적게 오는 날은 힐을 신기도 합니다. 진짜 가죽이 아니므로 비에 젖어도 신경 쓸 필요가 없어 좋습니다.
(UNIQLO)

## item : 7

# 단정한 스타일의 백과
# 캐주얼 스타일의 백

*decent bag & casual bag*

백은 격식을 차려야 하는 자리에 어울리는 '단정한 스타일'과 가벼운 외출, 공원 산책, 가까운 곳에 갈 때 드는 '캐주얼 스타일'의 두 종류만 있으면 어떤 상황에서도 곤란할 일이 없습니다.

## 단정한 스타일의 백

**선택 포인트**

바닥 징이 붙어 있으면 단정한 느낌이 들고, 바닥이 더러워지지도 않는다.

## 캐주얼 스타일의 백

### 미니 백을 사용할 때 지갑은?

평소 장지갑을 즐겨 사용하는 편인데, 미니 숄더백을 들 때는 전용의 작은 지갑으로 교체합니다.
미니 백(검정)…FURLA, 동전 지갑…ANYA HINDMARCH

**클러치 백**

가끔은 독특한 자수가 들어간 백을 사용합니다. 내용물을 많이 넣을 수는 없지만, 시크한 느낌은 UP. (ZARA)

**미니 백**

최소한의 물건밖에 넣을 수 없어 실용성은 떨어지지만, 액세서리처럼 들곤 합니다. 코디에 차지하는 면적이 작으므로 색깔을 기준으로 고르고 있습니다. (&NOSTALGIA)

**복주머니 백(drawstring bag)**

적당히 느슨한 분위기를 더해주는 백. 숄더백은 옷과의 균형도 맞추기 쉽습니다.
(roberto pancani)

# 백 사이즈는 〈대, 중, 소〉가 있으면 OK

짐이 많은 날이나 여행 시에 사용하기 좋은 큰 사이즈와 데일리 백으로 사용하기 좋은 중간 사이즈, 액세서리처럼
들면서 파티에도 사용할 수 있는 작은 사이즈의 백. 이 세 가지 사이즈를 구분해서 사용하고 있습니다.

대

MAISON KITSUNE

Sans Arcidet

GIANNI CHIARINI

중

ZARA

MAISON VINCENT

IACUCCI

소

roberto pancani

&.NOSTALGIA

CHRISTIAN VILLA

## 캐주얼용

공원에 산책하러 갈 때나 가까운 곳으로
외출할 때 부담 없이 들 수 있는 편안함
이 매력.

## 캐주얼 코디, 드레시 코디 모두 OK

캐주얼한 차림, 드레시한 차림 모두에 대응할
수 있는 범용성이 높은 백.

## item : 8 | 검정 원피스

### *black dress*

심플하고 장식이 없는 검정 원피스.
한 벌 가지고 있으면 몇 가지 스타일로 활용할 수
있어서 편리합니다.

- ☑ 길이…무릎이 가려지는 길이
- ☑ 소재…적당한 광택감이 있고 구김이 잘 안 생기는 것
- ☑ 목 주변…목둘레가 파인 것이든 좁은 것이든 본인에게
  어울리는 것이면 OK

- dress : &.NOSTALGIA

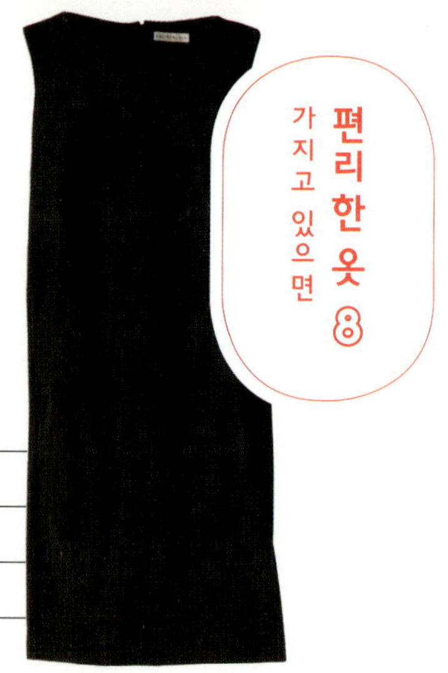

## CASUAL DOWN

## BASIC STYLE

## SIMPLE CHIC

러프한 스타일의 코디라도 균형을 맞춰
외출용으로 활용 가능.

- **jacket** : YANUK
- **bag** : NATURAL BEAUTY BASIC
- **pumps** : VII XII XXX

한 벌로도 맵시가 나므로 여행지에서의
바캉스 코디로도 손색이 없다.

- **hat** : Marui
- **bag** : Sans Arcidet
- **sandals** : GAP

광택이 있는 화려한 액세서리를 더해주
면 파티용 코디로 변신

- **bag** : LOEFFLER RANDALL
- **pumps** : carino

## HOODIE



가족과 함께 보내는 주말에는
파카 스타일로 편안하게.

- **parka** : UNIQLO
- **bag** : &.NOSTALGIA
- **shoes** : CONVERSE

## STRIPE

애용하는 보더 무늬 티를 어깨
에 살짝 걸치면 귀여워 보이는
여름 코디 완성!

- **tops** : UNIQLO
- **bag** : MAISON KITSUNE
- **sandals** : ADAM ET ROPE

## CHIC CODE

핑크의 라운드 카디건이 걸리시
한 느낌이 덜 드는 이유는 검정
원피스의 효과

- **cardigan** : JOHN SMEDLEY
- **bag** : &.NOSTALGIA
- **pumps** : La TOTALITE

## ACCENT COLOR

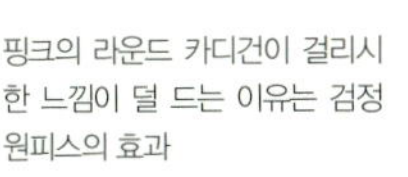

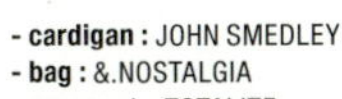

드레시한 스타일의 카디건을 어
깨에 걸쳐 입고 점심 모임에…

- **cardigan** : MUJI
- **bag** : ZARA
- **boots** : Daniella&GEMMA

item : 9

# 와이드 팬츠

*wide pants*

요즘에는 거의 유행을 타지 않는 와이드 팬츠는 모든 시즌에 활용할 수 있는 편리한 아이템. 착용감이 편하고 체형을 커버해주는 점도 매력입니다.

☑ 소재…부드러운 소재라면 너무 퍼지지도 않고 점잖은 느낌으로 연출할 수 있다.

☑ 허리 주변…벨트 고리가 있으면 드레시한 스타일로도 활용할 수 있다.

☑ 길이…깔끔한 맵시를 원한다면 크롭 길이(cropped length)가 최고.

- wide pants : UNIQLO

**Q** 상의는 넣어서 입을까?
밖으로 빼내서 입을까?

단정한 느낌을 주려면 상의 밑단은 하의 안에 집어넣어 블라우징(blousing)하게 연출. 캐주얼 스타일로 러프한 분위기를 살리려면 앞부분만 하의 안에 집어넣는 식으로 입습니다.

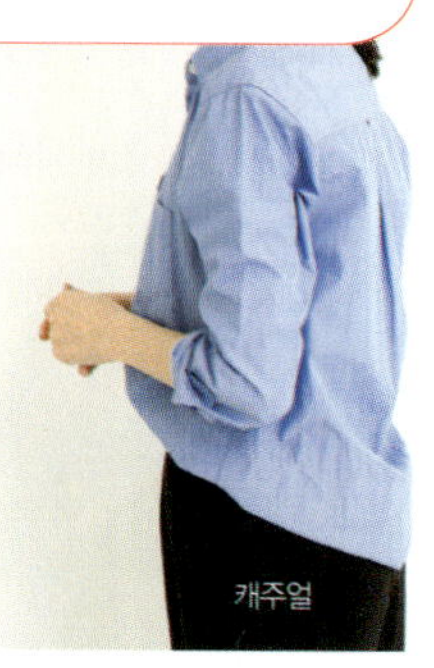

**Q** 굽 낮은 신발을
신고 싶은데…

발목이 보이는 길이감이라면 굽 낮은 신발과의 균형을 잡기가 쉽습니다.

가지고 있으면
## 편리한 옷 10

item : 10

# 추천 아이템 9선

*select items*

---

**① - logo T-shirts : CHEAP MONDAY,moussy**

### [로고, 일러스트 티셔츠]

겉에 한 벌만 입어도 좋고 이너로 활용해도 OK. 어른의 센스를 표현할 수 있습니다.

**② - check stole : Johnstons**

### [체크무늬 스톨]

수수해지기 쉬운 가을, 겨울 코디에 무늬를 더해서 입체감을 살려줍니다.

**③ - white knit : PLST**

### [흰색 니트]

대체로 어두워지기 쉬운 가을, 겨울 코디에 분위기 전환을 꾀할 수 있습니다. 얼굴 주변이 환해집니다.

---

**④ - thin coat : FRAMe WORK**

### [얇은 코트]

간절기에 가볍게 걸칠 수 있는 얇은 코트는 꼭 필요합니다.

**⑤ - chester coat : REYC**

### [체스터 코트]

캐주얼한 코디에도, 단정한 코디에도 잘 어울리는 유행을 타지 않는 아이템입니다.

**⑥ - riders jacket : beautiful people**

### [라이더 재킷]

여성스러운 아이템에 매치하면 좋습니다. 딱 맞는 사이즈를 고르는 것이 포인트.

---

**⑦ - down coat : UNIQLO**

### [다운 코트]

솜털과 깃털의 배합 비율은 솜털이 많은 것이 따뜻해서 Good!

**⑧ - short boots : Daniella & GEMMA**

### [쇼트 부츠]

짧은 길이라면 치마에도 바지에도 매치하기 쉽습니다.

**⑨ - white bag : ZARA**

### [흰색 백]

코디 전체가 흐릿한 느낌이거나 뭔가 부족하다 싶을 때 흰색 백을 사용하면 Good!

# 어디에 돈을 들일 것인가? 들이지 않을 것인가?

착한 가격을 기준으로 세 패턴으로 나누어 보았습니다.

**1** ## 돈을 그럭저럭 들인 것

자신에게는 기본적인 아이템으로 트렌드 상관없이 오래 쓰고 싶은 것. 단, 갑자기 도전하기보다 먼저 적당한 가격의 것으로 본인에게 어울리는지 테스트해보는 것이 실패하지 않는 비결입니다.

**울 코트**

착용감이나 촉감 등, 질의 좋고 나쁨이 드러나기 쉽습니다.

**라이더 재킷**

좋은 품질의 가죽은 시간을 들여 길들여 가는 재미가 있습니다.

**가을, 겨울 캐시미어 스톨**

겨울 스톨은 맵시나 보온성 면에서 캐시미어만 한 게 없습니다!

**2** ## 웬만큼 돈을 들여 보고 나중에 꼭 갖춰 놓고 싶은 것

이 경우에도 유행에 상관없이 사용할 수 있고 오래 사용하고 싶은 아이템일 것. 필자의 경우는 현재 적당한 가격대의 제품으로 시험 중입니다.

### 트렌치 코트

지금까지 가장 실패가 많았던 아이템. 세 번째 구매할 때야 비로소 좋아하는 색상, 길이감, 원하는 디테일을 알게 되었습니다.

### 다운 코트

일하러 갈 때나 놀러 갈 때나 깔끔하게 입을 수 있는 것으로, 원하는 색상이나 질감은 검토 중입니다.

### 로퍼

관리하면서 오래 신을 수 있는 것을 언젠가는 꼭 갖춰 놓고 싶습니다.

**3** ## 딱히 돈을 들이지 않아도 되는 것

싼 티 나지 않고 원단도 나름 튼튼하다면 OK. 나머지는 관리하기 나름이죠! 착한 가격의 제품들도 이전보다는 품질이 많이 좋아졌습니다.

### 평상복

상의든 하의든 너무 비싸면 평소 입거나 관리하기가 어렵습니다. 망설이지 않고 입을 수 있고 세탁할 수 있는 적당한 가격대의 것이 좋습니다.

### 신발

가격이 저렴해도 자신의 발에 잘 맞으면 OK! 매일 같은 것을 신지 않고 번갈아 가면서 신는다면 빨리 헐지 않고 수명이 오래 갑니다.

### 봄철 스톨

보들보들 폭신폭신 볼륨감이 있는 것이 좋습니다. 잘만 고르면 가격이 싸도 고급 제품에 전혀 밀리지 않습니다.

# 배색 도감

**hibi's basic color**

아침에 뭘 입을지 고민될 때는 여기를 보세요!
히비 스타일의 베이식 컬러는 총 여덟 가지.
두 가지의 어떤 색을 조합해도
맵시 있어 보이는 마법의 컬러 매칭 방법을 소개합니다.

이제 더는 뭘 입을지 고민할 필요가 없다!

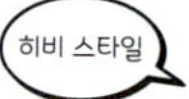


# 배색 도감

코디네이션에서 먼저 눈에 들어오는 것은 색상. 색의 인상은 이미지 만들기에 크게 관여합니다. '히비 스타일 기본 8색'의 조합으로 언뜻 보기에 평범한 색이지만 맵시 있게 보이는 배색 매직을 알려줍니다.

## 히비 스타일의 베이식 컬러는 이것!

### 두 가지의 어떤 색을 조합해도 맵시 있게 보이는 마법의 8색! 손쉽게 세련된 배색이 완성!

색에 우열은 없으므로 기본적으로 맞지 않는 색이라는 것은 없습니다. 하지만, 그것이 멋스럽게 보이느냐 아니냐는 다른 문제입니다. 색 배합을 어렵게 생각하지 말고 패션의 베이식 컬러에 라이트블루와 카키를 더한 '히비 스타일 기본 8색'을 중심으로 갖춰 두면 어느 색을 조합해도 조화를 잘 이루어 손쉽게 멋스러운 스타일링이 완성됩니다.

**WHITE**
화이트

**BLACK**
블랙

**GRAY**
그레이

**BEIGE**
베이지

**LIGHT BLUE**
라이트블루

**KAHKI** *1
카키

**BROWN**
브라운

**NAVY**
네이비

어느 색도 크게 튀지 않으므로 겹칠수록 깊이가 증가하여 어른스러운 스타일로 완성됩니다. 새 옷을 사지 않아도 지금 가지고 있는 옷으로 새로운 배색을 발견한다면 매우 신나는 일이 될 것입니다. 먼저 부담 없이 이것저것 시험해 보기를 추천합니다.

블랙×브라운

라이트블루×그레이

*1 : 색채학에서 카키는 칙칙한 붉은빛이 도는 노란색을 가리키며 '카키'라고 부르는데, 여기서는 패션에서 흔히 사용되는 어두운 녹색의 노란색인 '올리브'와 같은 색깔을 카키로 사용하고 있습니다.

# 색 조합 5가지 규칙

**RULE 01**

평소의 코디네이션에서 사용하는 색은 3색 정도로 하고, 많으면 4색까지로 제한한다(흰색은 중성색이므로 색 수에 포함하지 않아도 OK).

**RULE 02**

점잖게 연출하고자 할 때는 그레이를 포함한 중간색을 사용하는 것이 정답.

**RULE 03**

샤프하면서 멋진 인상을 연출하고자 할 때는 밝은색과 어두운색을 조합한 대조 배색으로 강약의 포인트를 준다.

**RULE 04**

고급스럽고 고상한 인상을 연출하고자 할 때는 대비를 억제하여 차분한 톤을 사용해서 전신의 컬러를 조화롭게 하는 것이 포인트.

**RULE 05**

격식 있는 느낌을 연출할 때는 색 수를 1~2색 이내로 제한한다(격식 있는 느낌을 줄 때는 로열 패션이 견본. 여러 가지 색을 사용하지 않고 소품을 포함해 2색 정도로 제한하는 것이 최선이다).

# 블랙 × 화이트

## Black × White

깔끔한 흰색 × 검정의 대비를
갈색 백으로 부드럽게

워싱 가공한 소재감이 자연스러우면서
도 세련된 인상을 주는 셔츠이지만 깔끔
하게 다림질하여 드레시한 분위기로.
착한 가격의 아이템을 이용한 코디는 '드
레시 스타일 & 청결한 느낌'이 키워드.

- **shirt** : MUJI
- **pants** : PLST
- **bag** : VELES
- **pumps** : FABIO RUSCONI

볼륨감 있는 스커트에
미니 숄더백으로 균형감을 살려

약 2년 전에 구매한 꽃무늬 스커트. 누군
가를 만날 때마다 "아, 그 치마 자주 입
는 그거네!"라는 소리를 듣는데, 조금 창
피하다가도 그런 말을 듣는 게 싫지만은
않습니다.

- **tops** : BEAUTY & YOUTH
- **skirt** : &.NOSTALGIA
- **bag** : &.NOSTALGIA
- **sandals** : SARA JONES

# 블랙 × 화이트
## Black × White

## COOL STYLE

**헐렁한 굵은 보더 무늬 티셔츠를
단정한 느낌의 옷으로 깔끔하게 연출**

캐주얼한 굵은 보더 무늬 티셔츠를 단정
한 느낌이 나는 아이템에 맞춰 긴장감을.
이 커트 앤드 소운과의 인연도 오래되어
점점 애착이 가는 요즘입니다.

- **outerwear** : UNIQLO
- **tops** : UNIQLO
- **pants** : PLST
- **bag** : CHRISTIAN VILLA
- **pumps** : FABIO RUSCONI

**심플 코디에 효과 만점!
체크무늬 스톨**

가을, 겨울에 흔히 볼 수 있는 칙칙한 색
코디에 효과적인 것은 체크무늬 스톨.
무늬에 빨간색이 들어가 있는 것은 겨울
철 패션에 따뜻한 느낌을 주는 포인트가
되므로 추천.

- **knit** : GREEN LABEL RELAXING
- **skirt** : UNIQLO
- **bag** : IACUCCI
- **boots** : Daniella&GEMMA
- **stole** : Johnstons

**하드한 인상의 가죽 블루종을
남성스럽게**

거의 기본적으로 매치되는 흰색×검정
×그레이의 코디이지만 수수해 보이기
쉬운 것도 사실. 존재감이 느껴지는 그린
색 핸드백을 크로스로 메서 약간 센 언
니 느낌으로.

- **outerwear** : beautiful people
- **inner tops** : AZUL BY MOUSSY
- **pants** : PLST
- **bag** : NATURAL BEAUTY BASIC
- **shoes** : Pili Plus

# 블랙 × 베이지

## Black × Beige

### 핸섬한 검정×베이지로
### 고상한 코디네이션

검정×베이지는 다소 무채색 계열 배색
이기는 하지만 베이지의 따뜻함으로 부
드럽게. 코트를 벗었을 때 허전한 느낌이
들지 않도록 목걸이나 스카프로 목 주변
에 포인트를 줍니다.

- **coat** : &.NOSTALGIA
- **knit** : ZARA
- **pants** : PLST
- **bag** : VELES
- **pumps** : carino

### 치노 팬츠를 어떻게 해서 '아줌마 스
### 타일로 안 보이게 할 것이냐'가 관건

방심하면 촌스럽게 보이기 쉬운 베이지
치노 팬츠. '자연스러우면서 세련된 느
낌'을 의식하여 선명한 색상은 피하고 색
수도 적게 합니다. GAP의 비치 샌들은
깔끔해 보여서 맘에 들어요.

- **tops** : BEAUTY & YOUTH
- **pants** : GAP
- **bag** : ZARA
- **sandals** : GAP

# 블랙 × 카키

## Black × Khaki

### 검정이 많을 때는 '다른 소재감'이 코디의 중요 포인트

시크한 인상으로 연출하고 싶어서 일부러 소품까지 검정으로 통일. 가죽 질감도 바꿔 강약을 조절. 4년 전쯤에 구입한 5,000원짜리 스톨이 큰 도움이 됩니다!

- **jacket** : PLST
- **knit** : ZARA
- **pants** : PLST
- **bag** : IACUCCI
- **pumps** : FABIO RUSCONI
- **stole** : shimamura

### 카키는 트렌드 컬러가 아니라 기본 컬러로 사용할 수 있는 색

카키가 가진 중간색 특유의 애매함을 검정으로 잡아 주면 긴장감이 생깁니다. 전체의 톤이 어두워지므로 '살짝 흰색'을 사용하는 것이 포인트.

- **hat** : Marui
- **shirt** : MUJI
- **inner tank-top** : PLST
- **pants** : PLST
- **bag** : ZARA
- **sandals** : GAP

# [ 화이트 × 라이트블루 ]
## White × Light Blue

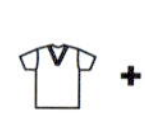

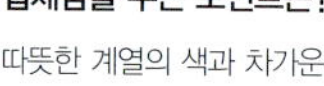

### 코디네이션에
### 입체감을 주는 포인트는?

따뜻한 계열의 색과 차가운 계열의 색을
매치하는 것도 하나의 방법. 따뜻한 계열
의 색은 진출색, 차가운 계열의 색은 후
퇴색이라고도 하는데, 조합하면 입체감
을 살려주고 색감에 깊이를 더합니다.

- **knit :** &.NOSTALGIA
- **denim :** UNIQLO
- **bag :** &.NOSTALGIA
- **stole :** 5351 POUR LES FEMMES
- **pumps :** Spick & Span

### 전체적으로 옅은 배색일 때는
### 군데군데 긴장감을

굳이 위아래를 같은 색의 데님으로 매치
해 보기는 했는데, 이렇게 되면 어딘가에
긴장감을 주고 싶어집니다. 흰색 아이템
이나 스카프의 색깔로 대비를 이루도록
하여 상큼한 느낌을 연출해 봤습니다.

- **shirt :** BARNYARDSTORM
- **denim :** UNIQLO
- **bag :** ZARA
- **shoes :** ing

# 화이트 × 그레이

## White × Gray

### 그레이에 흰색을 살짝 더한
### 멋진 코디네이션

농염이 서로 다른 그레이 상의와 하의에
흰색 이너가 살짝 보이도록 하여 백을
내려놓은 후에도 너무 수수해 보이지 않
게 강약을 줬습니다. 갈색 펌프스로 약간
의 포인트를.

- **hat** : &.NOSTALGIA
- **knit** : &.NOSTALGIA
- **inner tank-top** : PLST
- **pants** : UNIQLO
- **bag** : ZARA
- **shoes** : Spick & Span

### 멋있기는 하지만 허전해 보이기 쉬운
### 흰색×그레이에 더할 추천 컬러

흰색이나 그레이는 무채색으로 채도가
없고, 색의 성질상 따뜻함이 느껴지지 않
습니다. 추워지면 따뜻함을 원하듯이 색
도 따뜻함이 있는 갈색 계열의 백을 더
하면 왠지 안심됩니다.

- **shirt** : MUJI
- **denim** : UNIQLO
- **bag** : MAISON VINCENT
- **stole** : 5351 POUR LES FEMMES
- **shoes** : ing

# 화이트 × 네이비
## White × Navy

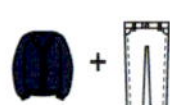

### 어른에게도 어울리는
### 킹엄체크 셔츠

어린이 스타일이라고 생각하기 쉬운 킹
엄체크 셔츠도 유행을 타지 않는 색이라
면 활용하기 쉬우므로 추천합니다. 자연
스러운 귀여움이 연출되어 신선한 느낌.

---

- **cardigan** : UNIQLO
- **shirt** : MUJI
- **pants** : UNIQLO
- **bag** : VELES
- **shoes** : ing

### 흰색×네이비에 빨간색과 노란색을
### 더한 상큼한 마린 컬러 코디

봄이 되면 신경이 쓰이는 마린 컬러는
흰색, 네이비, 빨간색을 가리키며 해군복
을 본뜬 것이라고 합니다. 네이비의 대조
컬러인 노란색으로 악센트를.

---

- **tops** : MACPHEE
- **pants** : UNIQLO
- **bag** : &.NOSTALGIA
- **pumps** : VII XII XXX

# 화이트 × 브라운

## White × Brown

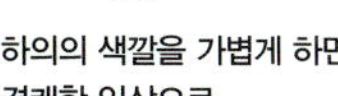

### 하의의 색깔을 가볍게 하면
### 경쾌한 인상으로

오른쪽 코디의 갈색과는 조금 다른 느낌
의 갈색이지만, 위아래를 반대로 하여 중
심을 높게. 하의를 경쾌한 느낌으로 했더
니 왠지 액티브한 이미지가 되는 것 같
습니다(중심에 관한 설명은 p105에서).

- **knit** : &.NOSTALGIA
- **pants** : PLST
- **bag** : CHRISTIAN VILLA
- **pumps** : Le Talon

### 여름철에도 사용할 수 있는
### 상큼한 갈색 계열 코디

갈색은 가을, 겨울 컬러로 생각하기 쉬운
데. 여름철 마른 땅을 연상시키는 색이
기도 하며 당연히 봄여름에도 사용할 수
있습니다. 흰색과 매치하면 상큼한 느낌
과 화려한 무드가 풍깁니다.

- **tops** : BEAUTY &YOUTH
- **pants** : &.NOSTALGIA
- **bag** : Sans Arcidet
- **sandals** : ADAM ET ROPÉ

# 베이지 × 네이비

### Beige × Navy

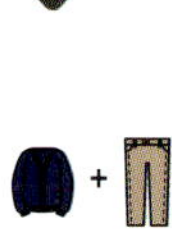 + 

### 내추럴하고 러프한 인상의
### 릴랙스 코디

다양성이 풍부한 베이지색의 치노 팬츠로 자연스러우면서 세련된 스타일을 연출. 드레시한 스타일의 신발을 매치하여 고급스러움과 매니시한 감성을 표현해 보았습니다.

- **knit** : titivate
- **inner tank-top** : PLST
- **pants** : GAP
- **bag** : MAISON VINCENT
- **pumps** : FABIO RUSCONI

 + 

### 심플하면서 고상하고
### 기품 있는 부드러운 색 조합

베이지는 부드럽고 따뜻한 느낌을 주는 색깔. 네이비는 지성적이고 신뢰감을 주는 색깔. 대화가 필요한 소통의 자리에 추천하는 배색입니다.

- **tops** : UNIQLO
- **pants** : UNIQLO
- **bag** : ne Quittez Pas
- **pumps** : La TOTALITE

hibi's basic color
color : 3 - Beige
- outer : FRAMe WORK
- tops : UNIQLO
- pants : PLST
- bag : ne Quittez Pas
- pumps : FABIO RUSCONI

# [ 베이지 × 브라운 ]

## Beige × Brown

NUANCE COLOR

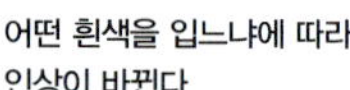


### 어떤 흰색을 입느냐에 따라 인상이 바뀐다

갈색 계열이 메인이므로 거기에 맞출 흰색은 새하얀 것보다 조화를 이루기 쉬운 오프 화이트로 골라 보았습니다. 따뜻한 느낌이 있어 부드러운 인상이 됩니다. 친숙함이 필요한 장소에 최적입니다.

- **coat** : &.NOSTALGIA
- **inner tops** : &.NOSTALGIA
- **pants** : PLST
- **bag** : VELES
- **pumps** : BOUTIQUE OSAKI

### 전체를 갈색 계열로 하면 이렇게 됩니다 & 해결책

더운 날이 이어지는 여름철의 느슨한 코디. 전신을 따뜻한 계열의 색인 갈색으로 코디하면 답답해 보이므로 흰색으로 청량감을 더합니다. KITSUNE의 토트백은 여전히 마음에 쏙 드는 아이템.

- **tops** : BENETTON
- **inner tank-top** : PLST
- **pants** : PLST
- **bag** : MAISON KITSUNE
- **sandals** : ADAM ET ROPÉ

# 베이지 × 화이트

## Beige × White

### 보더 무늬를 도입하여 코디에 입체감을

가까운 곳에 외출할 때 좋은 모즈코트 (mods coat). 원래 군용 아이템이라 거친 느낌이 들지 않도록 상큼함을 의식하면 서 입고 싶은 아이템. 참고로 모즈코트는 엄밀히 말하면 M—S1이라고 한다는군요

- **coat** : UNITED ARROWS
- **inner tops** : MACPHEE
- **denim** : UNIQLO
- **bag** : IACUCCI
- **pumps** : FABIO RUSCONI

### 적극적으로 사용하고 싶은, 품위 있고 호감도 높은 배색

하이 게이지의 베이지 니트로 품위 있 고 고급스러운 이미지를 연출. 밀라노 리 브는 고급감이 있고 적당히 탄력이 있는 소재로 신체 라인이 예쁘게 드러나서 좋 아하는 아이템입니다.

- **tops** : UNIQLO
- **pants** : UNIQLO
- **bag** : FURLA
- **pumps** : Spick&Span

### 조금 부담스러울 수 있는 흰색 재킷을 치노 팬츠로 캐주얼다운

재킷을 꽤 좋아하는 편이지만, 지나치게 차려입은 것 같은 스타일이 부담스러워 서 치노 팬츠로 캐주얼하게. 흰색 재킷의 활용법은 앞으로도 계속 찾아보려고 합 니다.

- **jacket** : PLST
- **pants** : GAP
- **inner tops** : BEAUTY & YOUTH
- **bag** : VELES
- **shoes** : Pertini

# 카키 × 화이트

## Khaki × White

 + 

### 입기만 해도 세련된 느낌이 드는 카키색 셔츠

베이지보다는 색감이 또렷한 카키 셔츠로 어른의 멋을 표현해 보았습니다. 참고로 한여름에도 셔츠는 긴소매를 즐겨 입는 편이라 올여름에는 꼭 한 번 반소매에 도전해 볼까 싶네요.

- **shirt** : MUJI
- **denim** : UNIQLO
- **bag** : roberto pancani
- **sandals** : EMU Australia

 + 

### 터프하고 보이시한 카고 팬츠를 흰색 셔츠로 우아하게

원래는 일할 때 입는 작업용 아이템이었던 캐주얼한 느낌의 카고 팬츠. 매치할 아이템은 드레시한 스타일로 고르도록 합니다. 어른 코디의 철칙은 '전신 캐주얼 스타일은 피하는' 것.

- **shirt** : MUJI
- **pants** : PLST
- **bag** : IACUCCI
- **pumps** : FABIO RUSCONI

# 카키 × 화이트

## Khaki × White

### 가을, 겨울에 착용하는 흰색은
### 오프 화이트로 계절감을

밀리터리 느낌이 강한 카키지만, 잘 조화
되는 부드러운 오프 화이트와 매치하면
고상한 느낌이 듭니다. 따뜻함도 전해지
는 색이라 가을, 겨울에 추천하는 배색입
니다.

- **coat** : Fit Me
- **inner tops** : GREEN LABEL RELAXING
- **pants** : PLST
- **bag** : &.NOSTALGIA
- **pumps** : La TOTALITE
- **stole** : MUJI

### 셔츠를 겹쳐 입어
### 틀에 박힌 니트 차림에서 벗어나자

매년 똑같은 니트 차림에 싫증이 난다는
말을 종종 듣게 되는데, 셔츠를 안에 받
쳐 입어 살짝 기분전환을 꾀해 보세요
(p103).

- **knit** : GREEN LABEL RELAXING
- **shirt** : MUJI
- **skirt** : UNIQLO
- **bag** : CHRISTIAN VILLA
- **pumps** : Le Talon

# 카키 × 베이지
## Khaki × Beige

 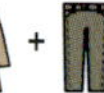

### 보이시한 느낌의 카키를 베이지로 부드럽게

설령 위아래의 코디가 심플하고 무난한 조합이어도 그 위에 걸치는 것만으로 세련된 느낌을 주는 마법의 얇은 코트. 아무튼, 편안해서 초봄이나 초가을 코디는 대체로 이런 느낌.

- **coat** : FRAMe WORK
- **inner tops** : MUJI
- **pants** : PLST
- **bag** : ne Quittez Pas
- **shoes** : UNITED ARROWS

### 상의 하의 모두 UNIQLO 제품으로 품위 있고 고급스러운 스타일링

요즘 나오는 중저가 제품은 가까이에서 봐도 가격에 비해 싼 티가 나지 않는 것이 많아 다른 사람들이 있는 자리에서도 전혀 주눅 들 필요가 없습니다! 베이지를 입는 날에는 골드 액세서리를 착용.

- **tops** : UNIQLO
- **skirt** : UNIQLO
- **bag** : &.NOSTALGIA
- **pumps** : Le Talon
- **stole** : 5351 POUR LES FEMMES

### 어스 컬러(earth color)끼리의 내추럴한 색 조합

'나뭇가지'와 '잎'을 연상시키는 베이지×카키로 '오랜 세월을 거친 나무'와 같은 배색이 되어 버렸습니다. 그래서 신발은 뱀피 무늬로.

- **shirt** : MUJI
- **pants** : GAP
- **bag** : ZARA
- **shoes** : Pili Plus

# 카키 × 라이트블루

## Khaki × Light Blue

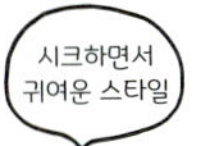

### 베이식 컬러로
### 추가해도 되는 2가지 색

카키와 하늘색은 약간 시크하면서 드라이한 무드가 풍기는 성인 여성에게 딱 어울리는 세련된 배색. 상의와 하의를 반대로 한 카키 셔츠와 하늘색 데님의 코디도 완전 내 스타일.

- **shirt** : BARNYARDSTORM
- **knit** : GREEN LABEL RELAXING
- **pants** : PLST
- **bag** : IACUCCI
- **pumps** : FABIO RUSCONI

### 봄과 여름에는 옅은 색인
### 라이트블루 데님 팬츠를 활용

데님 팬츠와 상의의 톤은 가능한 한 맞추려고 하는 편인데, 가끔은 이처럼 조화롭지 못한 느낌도 좋습니다. 또 카키와 노란색은 같은 계열이므로 잘 어울릴 뿐 아니라 멋스러운 연출이 가능한 배색.

- **tops** : BEAUTY&YOUTH
- **denim** : UNIQLO
- **bag** : &.NOSTALGIA
- **pumps** : Le Talon

# 그레이 × 베이지

## Gray × Beige

### 흐릿한 컬러는 소품으로
### 강약을 조절하는 것이 정답

채도가 낮은 색의 조합으로 이루어진 애매함에 검정 소품으로 긴장감을. 에나멜 힐 펌프스는 오래 신고 있으면 피곤하지만, 에나멜이 지닌 광택이 품위 있고 고급스러운 분위기를 연출해 줍니다.

- **coat** : FRAMe WORK
- **knit** : UNIQLO
- **pants** : UNIQLO
- **bag** : IACUCCI
- **pumps** : carino

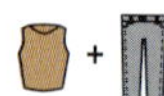

### 여러 가지 요소를 담는 것도
### 믹스 코디의 매력

이 코디네이션처럼 따뜻함이 있는 색과 차가운 색의 매치, 진주 액세서리와 러프한 비치 샌들 등 개인적으로 믹스 코디를 좋아합니다.

- **cardigan** : Clear Impression
- **tops** : UNIQLO
- **denim** : UNIQLO
- **bag** : Sans Arcidet
- **sandals** : GAP

# 그레이 × 블랙

## Gray × Black

### 검정 메인의 시크한 코디에 약간의 와인 컬러

검정이 차지하는 면적이 크므로 전체적으로 수축감이 있기는 하지만, 검정의 강함이 더욱 강조되고 맙니다. 조금이라도 여성스러움을 더하고 싶어서 백은 와인 컬러를 선택.

- **coat** : UNIQLO AND LEMAIRE
- **knit** : &.NOSTALGIA
- **pants** : PLST
- **bag** : CHRISTIAN VILLA
- **pumps** : carino
- **stole** : macocca

### 얼굴 주변이 환해지는 빨강 체크무늬 스톨

빨간색이 주를 이루는 체크 스톨은 조금은 유아틱해 보이기 쉬운데, 옷이 무채색(흰색, 검정, 그레이)이거나 선명함을 억제한 것이라면 빨간색을 멋있게 돋보이게 할 수 있습니다.

- **knit** : &.NOSTALGIA
- **pants** : PLST
- **bag** : MAISON KITSUNE
- **pumps** : FABIO RUSCONI
- **stole** : Johnstons

### 시크한 분위기를 연출하고자 할 때 오히려 선명한 색은 피한다

상의의 블랙과 하의의 그레이의 명도차가 뚜렷해서 샤프하고 어른스러운 분위기. 차분한 톤의 그린이라면 분위기를 망치는 일 없이 조화를 이룹니다.

- **cardigan** : UNIQLO
- **tank-top** : UNIQLO
- **denim** : UNIQLO
- **bag** : NATURAL BEAUTY BASIC
- **sandals** : SARA JONES

# 그레이 × 카키

## Gray × Khaki

### 브라운을 도입해
### 따뜻한 인상으로

그레이에 갈색을 매치하는 것은 완전 필자 취향. 그래서 다소 내추럴한 배색으로. 코트나 바지로 직선적인 실루엣을 도입해 샤프한 이미지를 연출해 보았습니다.

- **coat** : Fit Me
- **inner tops** : BEAUTY&YOUTH
- **pants** : UNIQLO
- **bag** : VELES
- **pumps** : Spick & Span
- **stole** : 5351 POUR LES FEMMES

### 여성스러운 요소는 하나만,
### 매니시한 쿨 코디

아이템도, 색 조합도 남성적인 느낌이 나지만 결코 남성이 되고 싶은 것은 아니므로 포인티드 슈즈로 여성스러움을 표현. 딱 하나 다른 요소를 도입하는 것만으로도 OK입니다.

- **tops** : titivate
- **inner tank-top** : PLST
- **denim** : UNIQLO
- **bag** : IACUCCI
- **pumps** : FABIO RUSCONI
- **stole** : macocca

hibi's basic color
color 5 - Gray
- cardigan : UNIQLO
- inner-tops : UNIQLO
- skirt : MACPHEE
- pumps : carino

# [ 라이트블루 × 베이지 ]
## Light Blue × Beige

### 전체적으로 옅은 톤으로 맞춰 고급스럽고 부드러운 코디

베이지와 하늘색은 보색 관계이면서 채도가 낮은 편이지만, 서로를 돋보이게 해주며 자연스럽게 존재감을 어필하는 세련된 배색(상세는 p71). 맞춰 입기 쉬우므로 추천합니다.

- **knit** : UNIQLO
- **inner tank-top** : PLST
- **denim** : UNIQLO
- **bag** : &.NOSTALGIA
- **pumps** : BOUTIQUE OSAKI

### 러프한 데님 셔츠도, 트렌치 코트에 매치하여 드레시 스타일의 코디로

봄에는 트렌치 코트 안에 입는 이너로 니트나 커트 앤드 소운을 선택하기 쉬운데, 셔츠도 물론 OK! 옅은 배색에 드문드문 검정을 넣어 시크한 멋을 살려 줍니다.

- **coat** : &.NOSTALGIA
- **shirt** : BARNYARDSTORM
- **denim** : UNIQLO
- **bag** : IACUCCI
- **pumps** : FABIO RUSCONI

# 라이트블루 × 블랙
## Light Blue × Black

### 쿨하고 샤프한 인상으로
### 연출하려면 모노톤 & 차가운 색 계열

깔끔한 쿨 배색. 검정 백을 매치하여 멋지게 연출하는 것도 좋지만 조금 부드러운 사람으로 보이고 싶으므로 그레이 베이지(밝은 회색을 띤 베이지)의 백으로 따뜻함(부드러움)을 플러스

- **coat** : UNIQLO AND LEMAIRE
- **knit** : &.NOSTALGIA
- **denim** : UNIQLO
- **bag** : &.NOSTALGIA
- **pumps** : carino
- **Stole** : 5351 POUR LES FEMMES

### 흐트러짐 없는 차림새를 하고자 할 때
### 셔츠는 바지 안에 넣어서 입는다

단정한 느낌을 최우선으로 하여 셔츠는 전체적으로 바지 안에 넣어 입습니다. 또한, 하늘색도 검정도 따뜻함이 없는 색이므로 따뜻한 계열의 색깔인 갈색을 매치해 보았습니다.

- **shirt** : BARNYARDSTORM
- **pants** : PLST
- **bag** : VELES
- **pumps** : BOUTIQUE OSAKI

# [ 라이트블루 × 그레이 ]
## Light Blue × Gray

### 샤프한 느낌을 연출하려면 쿨한 색조의 대비가 포인트

그레이의 명도가 낮아 오른쪽 코디보다 대비가 강한 편이며 샤프한 배색입니다. 코트에는 돈을 들이고 싶어 하는 편이라고 칼럼에 써놓고는 정작 GU 브랜드라니…….

- **coat** : GU
- **inner tops** : moussy
- **denim** : UNIQLO
- **bag** : NATURAL BEAUTY BASIC
- **pumps** : FABIO RUSCONI

### 그레이는 '세련된' 인상을 주는 색깔

라이트블루×그레이는 쿨한 배색이지만, 대비가 적은 편이라 왠지 부드러운 무드. 선글라스나 검정 소품으로 자연스러운 수축 효과를 노려봅니다.

- **t-shirt** : MUJI
- **shirt** : BARNYARDSTORM
- **denim** : UNIQLO
- **bag** : CHRISTIAN VILLA
- **sandals** : GAP

# 라이트블루 × 네이비

## Light Blue × Navy

SNAZZY

### 어떤 겨울 색 코디에도 어울리는 빨간 체크무늬 스톨

무겁고 춥게 느껴지기 쉬운 겨울 코디에 스톨을 더하기만 해도 전체 분위기가 화사해집니다. 왠지 기분이 처지는 날에도 '빨강'이 효과적이죠. 겨울 컬러에도 잘 어울립니다.

- **coat** : COS
- **knit** : GREEN LABEL RELAXING
- **denim** : UNIQLO
- **bag** : MAISON KITSUNE
- **sneaker** : adidas
- **stole** : Johnstons

### 러프한 청재킷이 코디에 '릴랙스' 요소를 더해 준다

단정한 느낌의 코디에 청재킷으로 약간 불량스러운 무드를 투입. 스커트는 이네스(INES) 콜라보 제품.

- **jacket** : YANUK
- **inner tops** : MACPHEE
- **skirt** : UNIQLO(INES) 콜라보
- **bag** : ZARA
- **pumps** : VII XII XXX

### 어떤 코디에든 조합하기 좋은 심플한 데님 셔츠

상하 서로 톤이 다른 데님을 매칭. 수축 효과가 있는 색을 사용해 쿨한 인상으로. 셔츠는 흰색보다 역시 하늘색을 더 선호하는 편입니다. 흰색만큼 대비감이 크지 않아 매칭성이 뛰어납니다.

- **shirt** : BARNYARDSTORM
- **inner tank-top** : PLST
- **denim** : MUJI
- **bag** : IACUCCI
- **pumps** : FABIO RUSCONI
- **stole** : 5351 POUR LES FEMMES

# 브라운 × 그레이

## Brown × Gray

 + 

### 채도가 낮은 컬러끼리 세련된 배색

채도가 낮은 컬러로 살짝 자극이 부족한 배색에는 역시 검정 소품을 더해주면 좋습니다. 표범 무늬 백의 바탕색이 하의와 같은 계열이므로 딱 알맞게 어우러져 포인트로 Good.

- **hat** : &.NOSTALGIA
- **knit** : &.NOSTALGIA
- **pants** : &.NOSTALGIA
- **bag** : IACUCCI
- **pumps** : FABIO RUSCONI

 + 

### 캐주얼 데님을 깔끔하고 단정한 코디로

모노톤 베이스의 코디에 브라운 카디건으로 고급스럽고 고상한 인상으로. 브라운은 차분함과 안정감을 주는 컬러입니다.

- **cardigan** : Clear Impression
- **inner tops** : MUJI
- **denim** : UNIQLO
- **bag** : IACUCCI
- **pumps** : FABIO RUSCONI

# 브라운 × 라이트블루
## Brown × Light Blue

### 여러 가지 변화를 즐길 수 있는
### 갈색 계열×블루 계열

'갈색과 블루' 배색에 대해서는 p70에서 자세히 설명합니다. 앞으로도 계속 여러 가지 '아주로에마로네(Azzurro E Marrone, 블루와 브라운의 색 조합)'를 찾아내고 싶네요

- **knit** : &.NOSTALGIA
- **denim** : UNIQLO
- **bag** : MAISON KITSUNE
- **pumps** : Spick&Span

### 서로를 돋보이게 해주는
### 보색 배색

원래 오렌지×블루는 보색 관계로 꽤 임팩트가 큽니다. 비비드한 컬러가 아니라 차분한 톤끼리 매치해서 부드러운 인상을 풍깁니다.

- **shirt** : BARNYARDSTORM
- **pants** : PLST
- **bag** : roberto pancani
- **sandals** : EMU Australia

# 브라운 × 카키

**Brown × Khaki**

EARTH COLOR

## 어스 컬러(흙색, 브라운 계열 색) 베이스의 차분한 가을 색 코디

주장이 강하지 않은 평온한 중간색의 배색. 어스 컬러에 표범 무늬를 더하고 터키석으로 하늘을 이미지. 이 코디 배색의 숨은 테마는 '열대 초원'일지도 모르겠네요

- **knit** : titivate
- **pants** : &.NOSTALGIA
- **bag** : IACUCCI
- **pumps** : FABIO RUSCONI

## 가을을 연상시키는 배색을 여름에 도입하려면?

한마디로 말하면 분량을 조절할 것. 상큼한 흰색을 넣어 갈색 분량을 줄이면 OK.

- **t-shirt** : CHEAP MONDAY
- **pants** : PLST
- **bag** : roberto pancani
- **sandals** : EMU Australia

# 브라운 × 블랙

## Brown × Black

## FEMININE

### 오피스룩으로도 손색이 없는 한겨울 코디

검정 외투 안에 입은 갈색이 어두우므로 하의는 흰색을 선택해서 밝게. 프랑스 디자이너인 르메르(Christophe Lemaire)와의 콜라보로 탄생한 코트.

- **coat** : UNIQLO AND LEMAIRE
- **inner tops** : &.NOSTALGIA
- **pants** : PLST
- **bag** : IACUCCI
- **pumps** : FABIO RUSCONI

### 부드럽고 차분한 인상으로 연출하고자 할 때는 갈색이 좋다

갈색은 대지를 상징하는 색으로 안심감을 주는 효과가 있습니다. 검정 베이스에 약간 쿨한 느낌의 스커트도 갈색이 지닌 포용력으로 부드러운 분위기로 변합니다.

- **tops** : BENETTON
- **skirt** : &.NOSTALGIA
- **bag** : Sans Arcidet
- **pumps** : GU

### 검정은 매치하는 색을 생생하게 돋보여 주는 색

"그 바지 정말 잘 입네…" 하고 만나는 사람마다 얘기하는 이 바지는 2년 전에 구매한 첫 콜라보 제품. 갈색을 선명하게 해주는 검정과의 매치가 시크한 느낌을 줘서 무척 마음에 드는 아이템입니다.

- **tops** : BEAUTY&YOUTH
- **pants** : &.NOSTALGIA
- **bag** : roberto pancani
- **pumps** : FABIO RUSCONI

# 네이비 × 카키

## Navy × Khaki

### 드라이하면서 세련된 존재감이 있는 카키 코트

카키가 트렌드 컬러로 뜨기 전에 이런 색감은 거의 찾아볼 수 없어서 지인이 운영하는 가게에서 원단에서부터 주문한 코트. 빛이 바랜 것 같은 색이라 안에 받쳐 입은 흰색 셔츠로 얼굴을 환하게.

- **coat** : Fit Me
- **shirt** : MUJI
- **denim** : PLST
- **bag** : GIANNI CHIARINI
- **pumps** : FABIO RUSCONI

### 보색에 가까운 조합으로 세련돼 보이는 배색

조끼와는 인연이 없다고 생각했는데 콜라보할 기회가 있어서 도전해 보기로 했습니다. 롱 카디건 감각으로 평소의 코디에 걸치기만 하면 OK! 스타일 업 효과도 기대할 수 있습니다.

- **outerwear** : &.NOSTALGIA
- **inner tops** : MUJI
- **pants** : PLST
- **bag** : roberto pancani
- **sandals** : EMU Australia

- **shirt** : UNIQLO
- **pants** : PLST
- **bag** : VELES
- **pumps** : La TOTALITE

# 네이비 × 브라운

## Navy × Brown

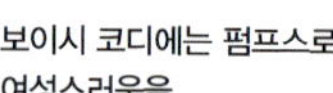

### 보이시 코디에는 펌프스로 여성스러움을

초콜릿 브라운 니트에 평소 즐겨 입는 청바지를 매치한 부담 없는 캐주얼 스타일. 뱀피 무늬 힐을 매치해 코디에 입체감과 세련된 느낌을 플러스.

- **hat** : &.NOSTALGIA
- **knit** : &.NOSTALGIA
- **denim** : MUJI
- **bag** : MAISON VINCENT
- **pumps** : Le Talon

### 갈색×블루 계열의 세련된 배색으로 이루어진 배리에이션 컬러

블루의 명도와 선명함을 억제한 것이 네이비로, 서로 상반하는 성질을 가진 2색이라면 손쉽게 세련된 배색으로 매치. 네이비의 소매 레이스 상의는 건강하고 여성스러운 인상을 풍깁니다.

- **tops** : &.NOSTALGIA
- **pants** : &.NOSTALGIA
- **bag** : ZARA
- **sandals** : ADAM ET ROPE

# 네이비 × 그레이

## Navy × Gray

### 오피스룩으로도 사용할 수 있는 쿨한 느낌의 고상한 코디

검정에 가까운 짙은 감색×그레이의 매니시한 배색이지만 드레이프 실루엣의 고상한 롱 코트가 여성스러움을 일깨워줍니다. 네이비×그레이로 기품 있는 인상으로 매치.

- **coat** : &.NOSTALGIA
- **inner tops** : BEAUTY&YOUTH
- **pants** : UNIQLO
- **bag** : IACUCCI
- **pumps** : FABIO RUSCONI
- **stole** : 5351 POUR LES FEMMES

### 네이비의 분량이 많은 세련된 배색

지성과 신뢰감을 나타내는 네이비 원피스에 그레이의 소품으로 심플하면서 품격 있는 조합. 어른스럽게 연출하고자 할 때는 차분한 색감을 고르고 색 수를 줄이는 것이 포인트입니다.

- **one-piece** : STYLE DELI
- **bag** : CHRISTIAN VILLA
- **pumps** : Spick&Span

### 그레이에 차가운 계열의 색을 매치하여 쿨한 이미지로

따뜻한 색과 차가운 색을 조합한 배색을 좋아하는데, 가끔은 이런 쿨한 느낌도 좋습니다. 참고로 차가운 색으로 생각하기 쉬운 그린은 차가운 색도, 따뜻한 색도 아닌 중성색이라고 불립니다.

- **shirt** : UNIQLO
- **pants** : UNIQLO
- **bag** : NATURAL BEAUTY BASIC
- **shoes** : Pili Plus

'예쁜 색'을 잘 활용해서 틀에 박힌 코디에서 벗어나자!

# 예쁜 색 도감

필자 역시 평소에는 기본적인 색감의 코디를 주로 하고 있지만, 가끔은 예쁜 색을 도입해 보고 싶기도 합니다. 강조색을 넣어 주면 코디에 활기가 넘쳐 생생한 인상을 풍기게 됩니다.

**강조색 철칙**

## 1

강조색은 1코디에 1색을 도입하는 것이 좋고 돋보입니다.

**강조색 철칙**

## 2

누구나 도입하기 쉬운 강조색은 바로 다음의 5색으로 구성된 파워레인저 컬러. 건강보조식품처럼 패션에도 색의 힘을 활용해 보기 바랍니다.

**RED**

건강하고 의욕 넘치는 차림을 하고 싶을 때, 리더십을 발휘하고자 할 때.

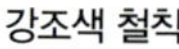

**BLUE**

마음을 차분히 가라앉히고 싶을 때, 신뢰감을 얻고 싶을 때.

**GREEN**

마음을 평온하게 유지하고 싶을 때, 우호적인 관계를 쌓고자 할 때.

**YELLOW**

밝고 쾌활한 기분이 되고 싶을 때, 자신감을 가지고자 할 때.

**PINK**

편안하고 상냥한 기분이었으면 할 때, 시크하면서도 귀여운 모습을 연출하고자 할 때.

# PINK

여성스러움을 돋보이게 해주는 컬러. 성인의 코디에 이용하는 핑크는 걸리시한 느낌을 줄여 멋스럽게 도입하는 것이 포인트입니다.

A_러프한 청바지와 매치하면 핑크색 V넥 니트가 섹시하기보다 건강해 보입니다.

B_네이비가 선명한 핑크를 한층 더 돋보이게 해줍니다.

C_걸리시한 느낌을 주기 쉬운 핑크×화이트도 로퍼로 깔끔하면서 시크하게.

D_매니시한 캐주얼 코디에 핑크 카디건으로 귀여움을 플러스.

E_보더 무늬를 매치하여 상큼하면서 귀여운 인상으로.

# BLUE

차분한 인상을 주는 색. 상큼하고 호감도가 높은 색인데, 너무 차가운 인상이 되지 않도록 균형을 맞추면서 지나친 사용에 주의.

A_블루 계열 아이템이 많으므로 너무 춥게 느껴지지 않도록 갈색 계열 백을 활용.

B_얼굴 주변이 환해지는 선명한 블루 스톨은 한 장 가지고 있으면 편리.

C_그레이를 매치하면 스마트한 스타일로 연출할 수 있습니다.

D_검정의 효과로 선명한 블루가 한층 돋보입니다.

E_블루 깅엄체크무늬라면 품격 있는 어른의 캐주얼 코디에 잘 어울리지요.

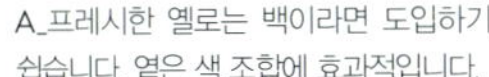



A_프레시한 옐로는 백이라면 도입하기 쉽습니다. 옅은 색 조합에 효과적입니다.

B_가을, 겨울은 겨자색 등의 차분한 옐로를 다크 컬러의 악센트로 삼습니다.

C_발 부분만 튀지 않도록 가까운 색(여기서는 베이지)을 도입하면 통일감을 줍니다.

D_비비드한 옐로는 건강한 느낌을 줍니다. 너무 어려 보이지 않도록 드레시 스타일이 코디네이션의 포인트.

E_부드러운 레몬옐로의 상의라면 얼굴도 환하게 보입니다. 같은 계열 색인 카키도 궁합이 잘 맞아요!

# YELLOW

온통 따뜻한 계열의 색으로 무장하면 답답한 느낌이 들 수도 있으므로 무채색(흰색, 검정, 그레이)을 적절히 도입하여 말끔하게 해결합니다.

A_그린의 체크 셔츠로 복고풍 무드를. 어른스럽게 입는 것이 정답.

B_내추럴하고 상큼한 배색. 이 소프트한 그린을 고추냉이색이라고 부르는 모양입니다.

C_네이비와의 조합으로 기품 있는 인상을. 명암차가 적고 도입하기 쉬운 배색입니다.

D_약간 빛이 바랜 것 같은 느낌의 그린. 흐릿해 보이기 쉬우므로 군데군데 검정을 투입하여 긴장감을.

E_깊은 맛이 있는 그린 백을 활용해 차분한 인상으로. 그레이와 매치하는 경우가 많습니다.

# GREEN

어떤 색과도 조화를 이루기 쉽고 세련되게 보입니다. 톤도 여러 가지로 변화가 풍부한 컬러입니다.

# RED

힘을 내고 싶은 날, 텐션을 올리고 싶은 날에 효과적인 컬러. 임팩트가 있어 코디에 깊은 맛을 더해줍니다.

A_빨강×검정의 약간 칙칙할 수 있는 배색도 흰색의 효과로 상큼하게 완화할 수 있습니다.

B_노란빛을 띤 빨간색이라면 베이지와의 궁합도 뛰어납니다.

C_빨간 체크무늬 스톨을 매치하면 얼굴 주변도 밝고 화사해집니다.

D_빨간색 펌프스 하나로 순식간에 여성스러움 업.

E_무늬 셔츠도 차분한 톤이라면 캐주얼 코디에 도입하기 쉽습니다.

# · Knit Care ·

## 의류 브러시로 니트의 보풀을 예방

니트의 감촉을 훼손하는 보풀.
이미 생겨 버린 보풀은 제거기 등을 사용해 없앨 수 있지만,
원단이 상하므로 가능한 한 보풀이 생기기 전에 관리하는 것이 좋습니다.

**1** 마찰에 의한 보풀 형성 메커니즘

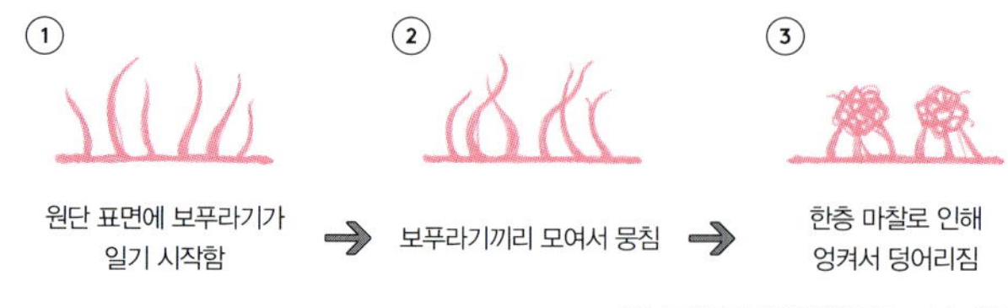


| ① 원단 표면에 보푸라기가 일기 시작함 | → | ② 보푸라기끼리 모여서 뭉침 | → | ③ 한층 마찰로 인해 엉켜서 덩어리짐 |

참고 : 도쿄도 클리닝 생활위생동업조합 www.tokyo929.or.jp

**보풀 방지 5개 조항**　　**보풀 발생의 원인은 마찰이나 정전기 때문입니다.**

① 연속 착용 횟수를 줄인다.　　　　　　　④ 백을 들 때는 위치를 바꿔 준다.
② 착용 후에는 의류 브러시로 손질한다.　　⑤ 세탁 마무리에 유연제를 사용한다.
③ 마찰 경감을 위해 가능한 한 손빨래를 한다.

**2** 의류 브러시로 보풀 방지

보풀이 되기 전 '보푸라기' 단계에서 브러시로 손질하여
보푸라기를 제거하면 뭉쳐서 보풀이 되는 것을 방지할 수 있습니다.

원단 표면이 마찰 등으로 인해
보푸라기가 일기 시작한 상태

의류 브러시로 손질하면 보푸라기가 제거되어
털의 결이 가지런히 정리됩니다.

# 03

# 컬러 매칭과
# 옷을 잘 입는 테크닉

**technique & how to**

평상시 입는 평범한 옷을 격상시켜 주는
옷 잘 입는 요령.
오늘의 옷 선택에 바로 응용할 수 있는
일생의 테크닉.

## · Technique 1 ·
# 중저가 제품으로 보이지 않는다!
# 칭찬받는 옷 잘 입는 요령

구매한 옷에서 가격 이상의 가치를 끌어낼 수 있느냐 없느냐는 옷을 고르는 요령과
입는 요령에 따라 결정됩니다. "유니클로 제품이 아닌 것 같아요!"라는 말은 최고의 칭찬.
중저가 제품이라도 맵시 있게 잘 입는다면 그보다 좋은 건 없겠죠!

**옷 고르는 방법**
**실제 가격보다 비싸 보이게 하는**

☑ 너무 캐주얼한 스타일이 아닌 드레시한 스타일의 아이템을 고른다.

☑ 원단이 너무 얇지 않은 것.

☑ 고급스러운 광택감이 있는 것.

☑ 옅은 색은 소재의 질이 좋은지 나쁜지 눈에 띄기 쉬우므로 신중하게 고른다.

☑ 짙은 색이나 흰색은 비싸 보이도록 하기 쉽다.

☑ 너무 펑퍼짐하지 않은 것, 알맞은 사이즈의 것

## 캐주얼 스타일 아이템

편안함과 기능성을 중시하며 신축성 있는
소재의 것이 많다. 광택이 없고 밋밋하며
러프한 소재감의 것이 많다.

(예)

파카

티셔츠

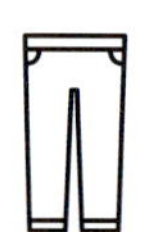
스웨트 팬츠

로우 게이지
니트

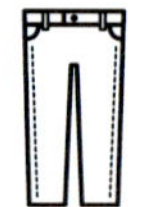
데님 팬츠

보더 커트
앤드 소운

(기타)
블루종, 치노 팬츠, 스니커 등

## 드레시 스타일 아이템

**중저가 제품으로 칭찬받는 아이템**

'포백(베와 비단)'이라고 불리는 당겨도
늘어나지 않는 소재의 것이 많다. 샤프한
실루엣이 드러나는 것.

(예)

셔츠

부드러운 소재의 셔츠

재킷

체스터 코트

트렌치 코트

하이 게이지
니트

(기타)
드레시한 바지, 힐 펌프스 등

# 두리뭉실한 느낌은 불필요!
## 착한 가격의 아이템을 촌스럽게 보이지 않게 하는 포인트

# · Technique 2 ·

# 세련된 배색!
# '아주로에마로네'란?

이탈리아 남성들이 좋아하는 단골 배색 '아주로에마로네(Azzurro E Marrone)'.
아주로=하늘색, 마로네=밤색, 즉 '청색'과 '갈색'을 말합니다. 남성 슈트 스타일뿐 아니라
당연히 여성들도 활용할 수 있는 배색. 의식적으로 도입하여 고급스럽고 세련된 인상으로!

- **jacket** : VINCE
- **t-shirt** : UNIQLO
- **denim** : MUJI
- **bag** : VELES
- **pumps** : BOUTIQUE OSAKI
- **stole** : 5351 POUR LES FEMMES

### 추천 포인트 **01 :** 보색 관계의 배색

- ☑ 보색 배색이므로 서로의 색을 돋보이게 해서 세련되게 보인다.

- ☑ 차가운 색(후퇴색)과 따뜻한 색(진출색)의 조합이므로 코디에 입체감이 생긴다.

### 추천 포인트 **02 :** 색의 응용 범위가 넓다!

- ☑ 같은 계열 색의 넓은 색폭을 이용해 다양한 조합을 즐길 수 있다.

### 추천 포인트 **03 :** 옷에 도입해도 좋고 가방 같은 소품에 도입해도 OK!

**A**

셔츠의 네이비와 하의의 빛이 바랜 것 같은 황적색. 깊이 있는 색 조합으로 가을, 겨울에 추천하는 '아주로에마로네'입니다.

- **shirt** : UNIQLO
- **pants** : &.NOSTALGIA
- **bag** : ZARA
- **pumps** : FABIO RUSCONI

**B**

니트, 손목시계, 로퍼의 갈색과 데님의 블루로 아주로에마로네 배색. 핸드백 색깔은 그레이 베이지이지만 이것도 갈색의 중간이라는 점에서 '아주로에마로네'라고 할 수 있습니다.

- **shirt** : MUJI
- **knit** : &.NOSTALGIA
- **pants** : UNIQLO
- **bag** : &.NOSTALGIA
- **shoes** : Le Talon

# · Technique 3 ·

## 농염 배색에는
## 약간의 요령이 있다

농염 배색은 같은 계열의 색을 겹치기만 하면 되는 간단한 방법으로 생각하기 쉽지만 색의 변화가 적기 때문에 단조로워지기 쉽고 어딘지 모르게 촌스러운 인상이 되기 쉬운 것도 사실이죠. 실패하지 않는 코디의 요령을 가르쳐 드리겠습니다!

- 니트를 라이트 그레이로 바꿔 명도차를 준다.
- 검정 소품의 광택감과 이소재감으로 샤프하게.

- V넥 니트로 '자연스러우면서 세련된 실루엣'을 연출한다.
- 하의를 흰색으로 바꿔 명도차를 줌으로써 강약을 조절한다.

- coat : GU
- knit : PLST
- pants : UNIQLO
- bag : IACUCCI
- pumps : carino

- coat : GU
- knit : PLST
- pants : UNIQLO
- bag : IACUCCI
- pumps : Spick&Span

앞 페이지에서 소개한 것 이외에 도전하기 쉬운 클래식 컬러의 배색을 추천.
색이나 소재의 미묘한 차이와 검정을 잘 활용하면 간단합니다.

| Color Scheme | Color Scheme | Color Scheme |
| --- | --- | --- |
| 베이지 | 화이트 | 블루 |

촌스러운 느낌이 들기 쉬우므로 흰색을 넣어 밝게 합니다. 매치하는 색은 가능한 한 명도차를 주어 강약을 조절하면 좋습니다.

- coat : &.NOSTALGIA
- t-shirt : MUJI
- pants : GAP
- bag : &.NOSTALGIA
- pumps : Le Talon

화이트 코디는 위아래 같은 톤으로 매치하면 OK. 소품까지 흰색으로 통일하면 지나친 느낌을 주므로 변화를 주세요.

- t-shirt : MUJI
- pants : UNIQLO
- bag : ZARA
- pumps : Boisson Chocolat

블루의 색폭을 활용하여 대비를 주면 간단합니다. 지나치게 차가운 인상이 되지 않도록 주의하는 것이 좋습니다.

- jacket : YANUK
- t-shirt : MUJI
- pants : UNIQLO
- bag : ZARA
- shoes : adidas

# · Technique 4 ·
## 흰색과 검정의 효과적인 사용방법

예쁜 원색만 강조색이 될 수 있는 것은 아닙니다. 흰색은 코디가 밝아져 청결감과 생동감이 느껴지는 분위기를 연출하고, 검정은 다른 색을 돋보이게 하면서 전체적인 인상에 긴장감을 주는 효과가 있습니다.

### 흰색으로 밝음을 투입!

뭔가 조금 부족하다 싶을 때는 흰색으로 밝음을 더해 강약을 조절합니다. 인상이 밝아져서 코디에 활기가 더해집니다.

- **shirt** : UNIQLO
- **tank-top** : PLST
- **denim** : PLST
- **bag** : ZARA
- **pumps** : FABIO RUSCONI

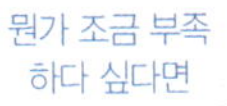

## 흰색 소품으로 긴장감을

같은 계열 색의 애매한 상하 배색에 흰색 핸드백 하나를 투입하기만 해도 코디 전체에 긴장감이 감돌게 됩니다. 사람의 눈은 가장 밝은 '흰색'에 민감하므로 효과 만점입니다.

- **knit** : &.NOSTALGIA
- **denim** : GAP
- **bag** : IACUCCI
- **pumps** : Boisson Chocolat

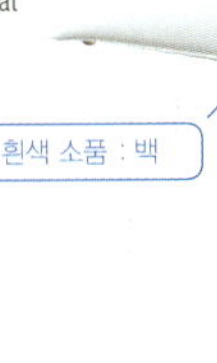

## 검정 소품으로 긴장감을

카키와 그레이의 어둡고 애매한 배색에 검정 소품을 투입해 긴장감을 더해 줍니다. 벨트와 백, 신발을 검정으로 통일하여 더욱 시크한 인상으로 연출.

- **shirt** : MUJI
- **pants** : UNIQLO
- **bag** : IACUCCI
- **pumps** : FABIO RUSCONI

## · Technique 5 ·

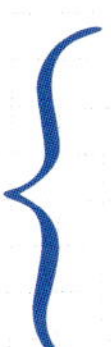

# 남성 아이템을 입을 때는 여성스러운 요소를 담으면 좋다

지금은 여성이 평소 입는 아이템들도 원래는 밀리터리(군복)나 워크웨어(작업복) 등, 사실 남성 아이템이 많습니다. 매니시한 분위기를 연출하기는 쉽기만, 그대로 입었다가는 난해한 패션이 되기 십상입니다. 아이템의 근원을 거슬러 올라가다 보면 착용 시의 포인트가 보이기 시작합니다.

**군복에서 출발**

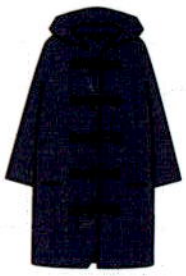

DUFFEL COAT
[더블 코트]

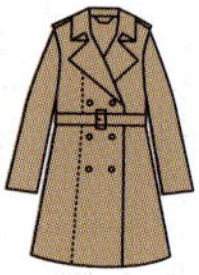

TRENCH COAT
[트렌치 코트]

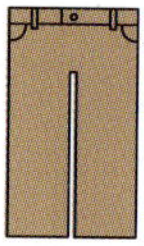

CHINO PANTS
[치노 팬츠]

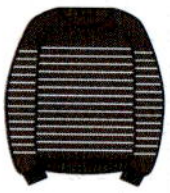

STRIPED T-SHIRTS
[보더 티셔츠]

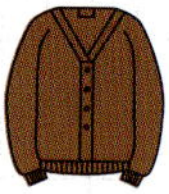

CARDIGAN
[카디건]

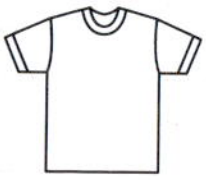

T-SHIRTS
[티셔츠]

**기타**

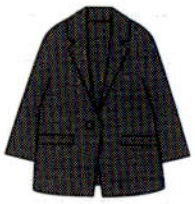

BLAZER
[블레이저]

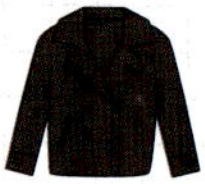

RIDERS JACKET
[라이더 재킷]

**작업복에서 출발**

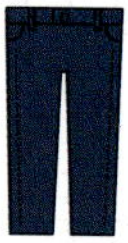

DENIM PANTS
[데님 팬츠]

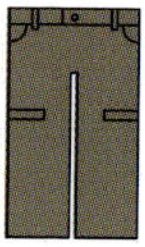

CARGO PANTS
[카고 팬츠]

# 남성 아이템은 여성스럽게 연출한다!

일부러 남성용 옷을 입는 것이니
자연스럽게 여성스러움을 가미하는 것이 스타일링의 포인트입니다.

### MENS ITEM CODE 1
## 라이더 재킷을 이용한 코디의 경우

라이터 재킷은 콤팩트한 사이즈감의 것을 고르고 여성스러운 아이템을 활용해 하드한 인상을 중화시킵니다.

### MENS ITEM CODE 2
## 데님을 활용한 코디의 경우

데님은 원래 워크 아이템. 펑퍼짐한 사이즈의 것보다는 알맞은 핏감의 것을 고릅니다.
지나치게 캐주얼하게 입기보다 드레시하게 연출하는 것이 성인 캐주얼 스타일의 포인트.

## · Technique 6 ·

# 모험색도 OK! 어떤 색과도 어울리는 최강 컬러는 '흰색, 검정, 그레이'

# 흰색, 검정, 그레이가 '만능 컬러'인 이유는?

컬러 코디네이션에서 무채색이라고 불리는 '흰색, 검정, 그레이'는 매우 중요하며 채도가 없으므로 어떤 색과도 조화하기 쉬운 편리한 색깔입니다. 무슨 색을 매치하면 좋을지 고민되거나 많은 색이 들어간 무늬 등과 매치하는 아이템에는 먼저 '흰색, 검정, 그레이'를 골라 보길 권합니다.

## · Technique 7 ·

# 무늬 아이템을
# 도입할 때의 요령

심플한 코디에 무늬 아이템을 도입하면 화사한 인상으로!
어렵다고 생각하기 쉽지만, 포인트만 파악하면 간단합니다.

POINT 1

### 무늬에 수축색을 넣는다

무늬에 짙은 색이 들어가 있으면 수축 효과로 날씬해 보입니다.

수축색이 들어가 있지 않아 흐릿한 느낌.

짙은 색의 효과로 또렷한 느낌.

# 색을 연결하여 통일감을

무늬 프린트는 여러 가지 색이 개별적으로 눈에 들어와 뒤죽박죽인 느낌이 듭니다.
무늬 안의 색깔을 연결하면 코디에 통일감이 생겨 패션 상급자로 보입니다.

검정의 면적을 많게 하고 차분한 와인 컬러의 펌프스를 이용해 시크한 이미지를 연출. 무늬 스커트도 바탕색이 검정이라면 근사하게 입을 수 있습니다.

- **knit** : ZARA
- **skirt** : &.NOSTALGIA
- **bag** : FURLA
- **pumps** : HYBY

그린과 베이지의 2가지 색을 각각 연결하고 있는데, 물론 1가지 색만도 OK. 무늬가 들어간 상의는 리조트룩 등에도 추천합니다.

- **tops** : no-brand
- **cardigan** : COMME CA ISM
- **pants** : GAP
- **bag** : Sans Arcidet
- **sandals** : GAP

# · Technique 8 ·
# 액세서리로 달라 보이게 하는
# 7가지 법칙

**Q1** 평소 사용하는 진주 액세서리도 진짜가 좋은가요?

**A** 진주 액세서리는 역시 진짜가 있으면 좋겠지요. 그런데 리얼 펄은 섬세해서 산(酸)이나 물에 약하므로 특히 땀에는 주의를 기울여야 합니다. 세제나 헤어스프레이, 자외선 차단제, 화장품 등으로도 변색할 수 있으니 구매 시의 상태를 유지하기가 어렵다고 합니다. 그러므로 평소 사용하는 진주 액세서리는 부담 없이 사용할 수 있는 가짜로도 충분하다!고 생각합니다. 하지만 너무 싼 티 나는 것은 좀⋯⋯, 그래서 고르는 요령을 알려 드리고자 합니다.

☑ 보기에도 가볍고 값싸 보이는 것은 피하고 가능한 한 무게감이 있는 것을 고릅니다.

☑ 특히 롱 네크리스의 경우는 진주와 진주 사이에 매듭이 있으면 줄이 끊어졌을 때 흩어지지 않아 좋습니다.

☑ 가능한 한 광택감이 있는 것을 고릅니다. (위 사진 참조)

## Q2 금속 알레르기가 있는 경우는?

**A** 금속 알레르기가 있는 사람은 니켈이 원인인 경우가 많으므로 니켈이 안 들어간 것을 고르면 좋습니다. 백금, 금, 은, 티타늄 등도 알레르기를 잘 일으키지 않는다고 합니다. 또한, 피어스(귀고리) 등 피부에 접촉하는 부분에 발라서 알레르기로 인한 염증을 방지하는 코팅제 등도 판매되고 있습니다.

**금속 알레르기 방지액**

액세서리에 직접 바르는 수지 코팅제로 금속 이온을 봉입하여 알레르기로 인한 염증을 방지해 줍니다.
(JPS 주식회사)

## Q3 너무 싼 액세서리는 오래 쓰지 못하나요?

**A** 액세서리 종류는 가능한 한 18K나 백금 등이 좋지만 역시 가격이 비쌉니다. 그렇지만 정말 싼 제품은 도금이 벗겨져서 거무칙칙하게 변하는 것이 빠릅니다. 그러므로 필자가 추천하는 것은 14KGF나 로듐 가공(백금 도금)한 제품. 장시간 사용해도 변색이 잘 일어나지 않습니다. 양쪽 모두 알레르기를 잘 일으키지 않는다고 해서 필자 역시도 액세서리를 고를 때는 이런 소재의 것을 골라 구매하는 경우가 많습니다.

**로듐 가공(백금 도금)**

마치 백금처럼 보이는 로듐이라는 은백색의 금속을 사용해 코팅한 것으로, 백금과 같은 광택감을 싼 가격으로 즐길 수 있습니다. 변색이 잘 안 되고 튼튼해서 오래가며 알레르기를 잘 일으키지 않는 금속이라고 합니다.

**14 KGF**

금도금의 100배 두께인 14K의 층을 압착해서 변색이 잘 안 됩니다(그렇지만 액세서리를 한 상태로 목욕탕에 들어가거나 함부로 다루면 당연히 거무스름해지겠지요). 심은 놋쇠 소재 등이 많고 비교적 싼 가격에 부드러운 14K의 광택을 즐길 수 있으므로 추천합니다.

## Q4 액세서리의 균형을 어떻게 맞추면 좋을지 잘 모르겠습니다……

**A** 사람마다 취향은 다르기 마련이지만, 필자의 경우는 옷이 심플한 편이라 액세서리를 어딘가에는 꼭 합니다. 액세서리가 너무 많아지지 않도록 주의하면서 전체적인 균형을 맞추고 있습니다.

비쥬(보석) 피어스가 약간 큼지막
해서 존재감이 있을 때 네크리스
는 가는 것으로 한 듯 안 한 듯

소재도 디자인도 남성적인 아우
터이므로 네크리스와 뱅글은 가
늘고 여성스러운 것으로.

## Q5 네크리스는 쇼트와 롱을 어떤 식으로 구분해서 사용하나요?

**A** 네크리스는 소재나 디자인이 서로 다른 짧은 것과 긴 것이 있으면 매우 편리합니다. 꼭 그런 것은 아니지만, 짧은 것은 목 부분이 허전한 느낌이 들 때 원 포인트로 사용하고, 긴 것은 터틀넥처럼 목을 감싸는 디자인의 상의를 입었을 때 사용하는 경우가 많습니다.

**크루넥(crew neck)에 롱 네크리스**

롱 네크리스로 세로 라인이 생기므로 스타일 업 효과가 있습니다. 쇄골 부분의 허전함을 없애고 입체감을 더해줄 수 있습니다.

**크루넥에 진주 네크리스**

얼굴 주변에 광택이 더해져서 얼굴이 환해 보입니다. 러프한 티셔츠와의 궁합도 뛰어납니다. 상의의 네크라인과 잘 어울려 균형감이 좋습니다.

**하이넥에 롱 네크리스**

하이넥(high neck)이나 목넥(mock neck) 등, 목 주변을 감싸는 디자인의 상의에 롱 네크리스로 V라인을 만들어 주면 답답한 느낌이 해소되어 깔끔한 인상이 됩니다.

**V넥에 가는 체인의 1캐럿 다이아몬드 풍의 네크리스**

옅은 존재감이 여성스럽고, 목 부분이 시원한 디자인의 상의에 잘 어울립니다. 셔츠에도 어울리므로 차려입을 때든 편하게 입을 때든 활용도가 가장 높은 네크리스입니다.

## Q6 액세서리가 뒤죽박죽 섞여 있는 경우가 많은데, 좋은 수납 방법이 없을까요?

**A** 액세서리 선택은 머리 모양을 완성한 후에 하므로 동선을 고려해서 세면대 가까이에 수납하고 있습니다. 보기 편하고 꺼내기 쉽고 수납하기 쉽게 궁리해서 지금의 형태에 이르게 되었습니다.

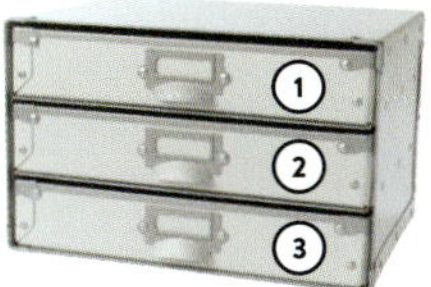

전용 액세서리 BOX가 아니라, 시중에 판매하는 가죽 상자를 살짝 개조해서 만들었습니다. 평소 자주 사용하는 것을 이 상자에 넣어 두고 있습니다.

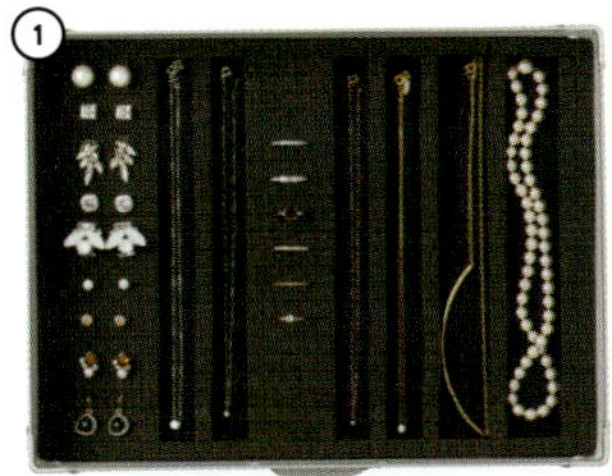

**피어스, 링, 쇼트 네크리스**

**롱 네크리스**

**뱅글, 팔찌, 시계 종류**

1cm 모눈의 바느질 선이 들어가 있어서 액세서리 모양을 유지하는 형태로 끼워 넣고 있습니다. 액세서리를 한눈에 볼 수 있어 아무 데나 방치하는 일이 없어지게 되었습니다. 액세서리끼리 부딪쳐서 흠집이 생기거나 얽히는 일도 없고요.
(오리지널 툴 관리 시트/kaunet)

## Q7 평소 액세서리 관리는 어떻게 하나요?

**A** 땀이나 화장품이 묻어 있으면 액세서리가 망가지는 원인이 됩니다. 평소 관리는 수납하기 전에 안경닦이나 부드러운 천으로 닦아 주면 OK.

# 살짝 리메이크 & 리페어

약간의 수고만 들여도 비싸 보이는 옷으로 그리고 오래 유지하는 방법을 소개합니다.

## ❶ 단추로 살짝 리메이크

세일할 때 25,000원 정도에 구매한 착한 가격의 카디건 단추를 조개 단추로 바꿔 고급스러움을 플러스! 단추 하나로 느낌이 크게 달라졌죠.

## ❷ 구멍 난 양말 수선에 편리한 시트

구멍 난 양말을 꿰매면 바느질한 부분이 동그랗게 말려 불편하거나 또 같은 부분이 다시 찢어지거나 합니다. 버리자니 아깝기는 한데 한편 꿰매는 데 수고를 들이는 것도 번거롭고, 그래서 간단하게 수선할 수 있는 아이템을 소개합니다. 모두 신축성이 있는 것이라 핏감도 있습니다.

붙이는 타입이라 다리미도 필요 없습니다. 좋아하는 모양으로 잘라 붙이기만 하면 끝입니다 (양말 구멍 수선 스티커 '아나베타'/생활 라쿠라쿠/RISDAN CHEMICAL CORP).

잘라서 다리미로 붙이는 타입으로 색상도 풍부합니다. (다리미 접착 수선 천 얇은 스트레치용/KAWAGUCHI)

# 04

# 이럴 땐 뭘 입지?

**what should I wear?**

학부형회나 운동회,
소규모의 공식적인 식사자리, 여행, 귀성……
목표는 과하지 않으면서
맵시 있게 보이는 스타일링

이럴 땐
뭘 입지?

## @ 학부형회

디라면 어울리기 쉬운 분위기가 풍겨 좋을 것 같습니다.

캐주얼하지도 않고 너무 드레시하지도 않은 스타일로. 적당히 단정한 느낌이 드는 코

학교에 따라 분위기가 다를 수는 있지만, 일반적으로 학부형회에 참석할 때는 너무

---

### SCENE : 1

## 단정한 스타일이지만, 과하지 않은 학부형회 코디

☑ 청결감과 쉽게 가까워질 수 있는 느낌을 주는 셔츠 코디

블루보다 더 부드러운 느낌의 라이트블루를 화이트의 하의와 매치했더니 상큼함이 한층 UP!

---



☑ 롱 카디건은 실루엣이 예쁘면서도
재킷처럼 딱딱하지도 않아 Good!

재킷처럼 딱딱한 느낌을 주지도 않고 적당히 단정한 느낌을 주는 롱 카디건은 학교 행사에 참석할 때 착용하기 좋은 필두 아이템. 하이 게이지의 제품을 고르면 더욱 단정한 인상으로.

- cardigan : MUJI
- inner tops : BEAUTY&YOUTH
- pants : PLST
- bag : IACUCCI
- pumps : carino

---



☑ 크루넥 카디건으로
여성스럽고 고상하게

다양한 차림을 즐길 수 있는 크루넥 카디건. 차분한 색상의 것을 한 장 입으면 시크하고 세련된 인상을 풍깁니다. 전체 코디의 색 수를 줄이면 더욱 차분한 분위기가 되겠죠.

- cardigan : Clear Impression
- pants : PLST
- bag : VELES
- pumps : FABIO RUSCONI

이럴 땐
뭘 입지?

# @ 조심스러운 식사모임

나 소품을 고르는 것이 중요합니다. 정한 차림이 요구되는 자리에는 캐주얼한 요소는 넣지 않고 드레시한 스타일의 옷이 약간 격식을 차려야 하는 자리나 레스토랑 등 공식적이라고 할 것까지는 없지만 단

## SCENE : 2

## 차려입고 싶어지는
## 식사모임 자리의 코디

☑ 부드럽고 축축 늘어지는 소재의 원피스로 여성스러움 UP

하이 게이지의 카디건 소매에 팔을 끼우지 않고 원피스 위에 살짝 걸치면 우아한 인상으로.

☑ 단정하게 보이고 싶을 때
   실패하지 않는 재킷 코디

어른의 재킷 코디는 면접용 정장룩처럼 보이지 않도록 하는 것이 포인트. 깃 없는 재킷은 고급스럽고 고상한 인상이 풍깁니다. 이너로 V넥을 고르면 멋지게 연출됩니다.

- jacket : PLST
- inner tops : BEAUTY&YOUTH
- pants : UNIQLO
- bag : &.NOSTALGIA
- pumps : FABIO RUSCONI

☑ 위아래 같은 계열의 색으로 매치한
   세트업 느낌의 고품격 코디

원래는 세트업 아이템이 아닌데 세트업 감각으로 연출하여 단정한 느낌. 위아래를 차분한 같은 계열 색으로 매치하면 정장의 느낌이 커집니다.

- tops : UNIQLO
- pants : PLST
- bag : VELES
- pumps : La TOTALITE

# @ 운동회

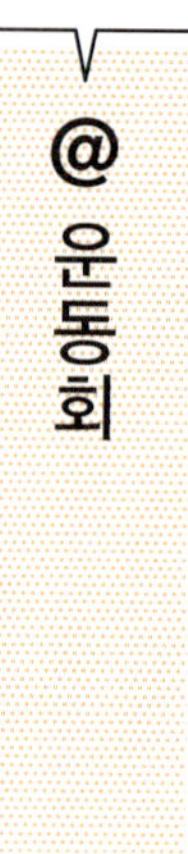

운동회 참석 시의 코디는 움직임이 편해야 하는 것은 당연하지만, 동네 패션이 되지 않도록 약간 궁리를 하는 것이 좋습니다. 각 아이템 선택 방법과 코디의 요령을 정리해 보았습니다.

---

체크 항목!

## 하의

- ☑ 흙먼지 등, 더러움이 눈에 띄지 않는 색상, 소재의 것
- ☑ 트렌드인 가우초나 와이드 팬츠 등도 OK
- ☑ 컬러 팬츠 등도 OK!!

[데님 팬츠]

[가우초, 와이드 팬츠]

[이지 팬츠]

[치노 팬츠]
(컬러 팬츠 포함)

[카고 팬츠]

[올인원]

---

체크 항목!

## 신발

- ☑ 신고 벗기 편리한 스니커
- ☑ 굽이 없는 것
- ☑ 샌들은 흙이나 모래범벅이 되므로 피하는 것이 무난하다.

[스니커]

[슬립온 슈즈]

---

있으면 좋은 아이템

## UV 대책 용품

- ☑ UV 전용 장갑
- ☑ 접이식 챙 넓은 모자
- ☑ 선글라스
- ☑ 자외선 차단 크림
- ☑ 얇은 스톨

체크 항목!

**상의**

☑ 상체를 숙이거나 등을 구부렸을 때 가슴, 등이 안 보이게

☑ 노출이 많지 않은 것

☑ 원색이나 무늬가 있는 것도 OK

**[셔츠]**

◎ 자외선 차단 대책에
◎ 점잖고 단정한 인상으로
◎ 색이나 무늬(줄무늬 등)도 OK

**[티셔츠, 커트 앤드 소운 종류]**

◎ 활동성 우수
◎ 세련되면서 액티브한 인상으로
◎ 색이나 무늬(로고, 보더 등)도 OK

**[카디건]**

◎ 자외선 차단 대책에
◎ 모노톤 계열은 차분한 인상으로,
비비드 컬러는 액티브한 인상으로.

**[파카]**

◎ 자외선 차단 대책에
◎ 쌀쌀한 날의 방한 대책에
◎ 자연스러우면서 세련된 인상으로

이럴 땐
뭘 입지?

@ 바캉스 5일간

바캉스 여행 때는 평소에 잘 입지 않는 발목까지 오는 긴 원피스 등에 과감히 도전!

일상의 탈피를 만끽할 수 있습니다.

# 리조트에 가지고 가고 싶은 엄선 6 아이템

리조트 복장은 캐주얼하고 편안한 소재의 것 중심으로 고르는 경우가 많습니다. 기내나 호텔의 냉방에도 대비해야겠죠.

**옷**

**① [ 리넨 셔츠 ]**

UV 대책이 되기도 하고 세탁해도 바로 마르므로 여행지에서는 편리. 다소의 구김은 리넨이므로 신경 쓰지 않아도 좋습니다.

**② [ 흰색 파카 ]**

기내나 호텔에서의 추위 방지 대책으로. 편안한 소재감으로 스트레스 프리.

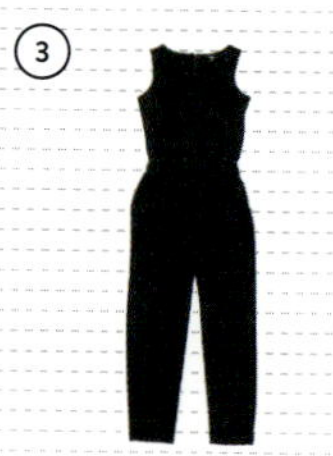

**③ [ 올인원 ]**

이것 한 벌로도 충분히 맵시가 나므로 매우 편리. 구김이 잘 안 생기는 저지 소재를 추천합니다.

**④ [ 숏팬츠 ]**

평상시에는 좀처럼 꺼낼 일이 없는 아이템이지만, 리조트에서는 비치나 풀장에 갈 때 매우 편리합니다.

**⑤ [ 롱 원피스 ]**

한 벌 가지고 있으면 리조트에서 요긴하게 쓰이는 롱 원피스. 화려하고 예쁜 색을 추천. 당연히 저녁 식사 시에도 Good!

**⑥ [ 청바지 ]**

항상 입는 청바지가 있으면 안심이 됩니다. 부담 없이 셔츠나 티셔츠에 매치한 스타일로.

**백**

상황에 따라 캐주얼 스타일과 드레시 스타일의 것을 준비해 두면 편리합니다. 접을 수 있는 백도 있으면 요긴하게 쓸 수 있습니다.

**패션 소품**

UV 대책에 필요한 스톨. 모자는 필수. 액세서리는 리조트지에서 어울릴 만한 볼륨이 있는 것이 Good!

**신발**

비치 샌들로는 입장할 수 없는 가게도 있을 수 있으므로 단정한 샌들도 가지고 갑니다. 굽 없는 신발도 준비해 두면 좋습니다.

**《 DAY 1 》 ②  + ③**

기내에서는 편안한 소재로 장시간의 비
행에도 쾌적하게. 추위 방지를 위해 파카
는 필수.

**《 DAY 2 》 ①  + ④**

해변에 갈 때는 수영복 위에 셔츠와 숏팬
츠를 러프하게 겹쳐 입어서 편안하게.

**《 DAY 3 》 ③**

올인원이라면 코디도 신경 쓸 필요 없
습니다. 터키석 네크리스로 리조트감을
연출.

**《 DAY 4 》 ⑤**

리조트 기분을 업 시켜 주는 비비드한 오
렌지색 원피스. 비치 샌들은 NG이므로
단정한 샌들을 착용.

**《 DAY 5 》 ①  + ⑥**

드라이브를 할 때는 부담이 없는 셔츠 &
청바지가 최적. 이날은 셔츠 안에 받쳐 입
은 탱크톱이 살짝 보이는 스타일로 연출.

이럴 땐 뭘 입지?

# @ 귀성 6일간

잘 안 생기는 소재의 것을 고르면 좋습니다.

방에 수납해야 한다는 점과 장시간 이동해야 한다는 점을 고려하여 이왕이면 구김이 매칭성을 중시하여 가능한 한 콤팩트하게 옷을 준비하는 것이 이상적입니다. 여행 가

## 귀성 시에 가지고 가고 싶은 엄선 6 아이템

가능한 한 부피가 있는 것은 피하는 게 좋은 귀성 시의 의류. 어떤 장면에도 대응할 수 있도록 매치하기 좋은 아이템을 고르는 것이 포인트입니다.

**옷**

**[검정 보더 니트]**

구김이 잘 안 생기고 캐주얼한 차림에도, 단정한 차림에도 활용. 겉에 하나만 입기도 좋고 이너로도 입을 수 있습니다.

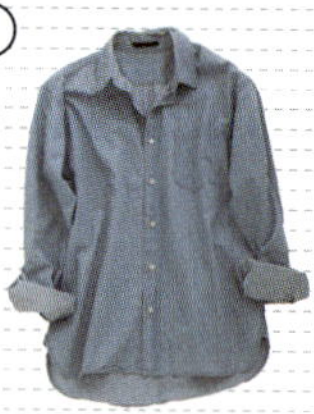

**[데님 셔츠]**

사시사철 활용하기 좋은 믿음직한 아이템. 구김마저 멋스러워 보여 관리에 크게 신경을 쓰지 않아도 좋습니다.

**[흰색 티셔츠]**

겉에 하나만 입어도 좋고 이너로도 사용할 수 있어 활용도가 높습니다. '깔끔하면서도 편안함'을 연출해 주는 흰색 아이템.

**[청바지]**

어떤 여행에도 빼놓을 수 없는 청바지. 펌프스와도 어울리고 스니커와도 어울리므로 필수.

**[와이드 팬츠]**

폴리 소재의 와이드 팬츠는 구김이 잘 안 생기고 비에 젖어도 금방 말라서 좋습니다.

**[그레이 롱 카디건]**

장시간 이동에도 구김이 잘 안 생기고 단정한 차림새를 연출할 수 있어 여행 시에 매우 편리합니다.

**백**

단정한 차림에 어울리는 아이템과 캐주얼 차림에 어울리는 아이템 2가지가 있으면 좋습니다. 접을 수 있는 천으로 된 백과 미니백이라면 OK!

**신발**

단정한 느낌의 힐 펌프스와 굽이 없는 신발은 필수. 귀성 시에는 산이나 강가에 가는 경우도 많으므로 스니커도 챙겨 두면 좋습니다.

《 DAY 1 》 ①+⑤+⑥

이동할 때는 단정한 느낌을 중시하면서
구김이 잘 안 가 스트레스 없는 소재감을
고릅니다.

《 DAY 2 》 ①+③+⑤

장시간 걸어도 걱정 없는 플랫 슈즈. 가
우초 팬츠(gaucho pants)는 벨트를 해서
단정한 느낌으로 연출.

《 DAY 3 》 ①+④

부담 없는 청바지로 편안한 스타일을 연
출. 루즈하게 보이지 않도록 신발은 에나
멜 펌프스

《 DAY 4 》 ②+④

롱 카디건과 와이드 팬츠의 무거운 밸런
스를 미니 백으로 가볍게.

《 DAY 5 》 ①+⑤

보더 티셔츠로 단정한 느낌을 연출. 미니
숄더백 & 힐 펌프스로 스타일 업을 의식
하여.

《 DAY 6 》 ②+⑤+⑥

벌레에 쏘이는 것을 방지하고 자외선 차
단을 위해 편하게 입을 수 있는 데님 셔
츠. 전신 블루 계열이라 보기에 상큼하죠.

# · Goods for Trip ·

## 여행지에서 사용할 수 있는! 편리한 굿즈

여행에 반드시 가지고 가야 하는, 있으면 편리한 9가지 아이템입니다.

**[ 마스크 ]**

비행기 안이나 호텔에서의 건조 대책으로 사용. 피부 보습도 되니 일거양득!

**[ 의료용 압박 스타킹 ]**

장시간의 비행이나 오래 걸은 후에 필수. 병원에서 처방받은 의료용이라서 효과는 우수함. (VENOSAN)

**[ 휴대 슬리퍼 ]**

평소에는 학교 행사 때 실내화로 사용하는데, 여행 시에는 기내나 호텔 등에서 사용. (BUTTERFLY TWISTS)

**[ 미니 빨래 건조대 ]**

가족이 사용한 수영복이나 소량의 세탁물을 말리는 데 사용합니다. 여행 갈 때 꼭 가지고 가요.

**[ 걸이형 다용도 파우치 ]**

상당히 용량이 큰 걸이형 파우치. 여행 시 세면도구나 화장품 등을 수납할 수 있습니다. (Vera Bradley)

**[ 리파 캐럿 ]**

다리, 어깨, 팔 등의 피로를 푸는 데 빼놓을 수 없습니다. 방수 사양으로 욕조 안에서도 사용할 수 있는 릴랙스 용품입니다.

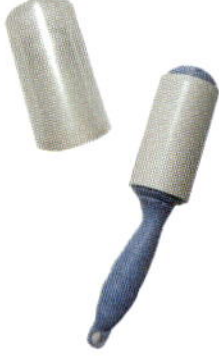

**[ 돌돌이 테이프 클리너 ]**

호텔에는 비치되어 있지 않으므로 여행 갈 때 꼭 가지고 갑니다. 의류용이라 점착력이 적당해서 원단이 상하는 일도 없습니다.

**[ 쓰레기봉투(2장) ]**

빨랫감을 흰색 의류와 그 밖의 의류를 구분해서 쓰레기봉투에 넣어 둡니다. 집으로 돌아와 그대로 세탁기에 넣기만 하면 됩니다.

**[ 의류 수납 파우치 ]**

바닥 모서리 부분을 펼치면 용량이 두 배가 되고 종류를 구분해서 넣을 수 있어 좋습니다. 여행 가방 내부가 깔끔하게 정리됩니다.

# 05

# 궁금한 패션 고민 Q&A

**guestion & answer**

흰색 옷을 겨울철에 입어도 괜찮을까요?
매일매일 그날의 코디는 어떻게 정하나요?
겨울이 가고 봄이 올 무렵 여전히 춥기는 해도
니트가 지겨워지기 시작하는데요……
흰색 컨버스가 안 어울려요……
알고 싶었던 여러 가지 궁금증을 풀어 드립니다!

# Q. 비 오는 날의 코디는 늘 고민됩니다.

A. 완전 공감합니다. 생각만 해도 우울해지는 비 오는 날의 코디.
다음과 같은 관점에서 고르고 있습니다.

## POINT 색깔

비에 젖어도 얼룩이 눈에 띄지 않는 것은 흰색, 검정, 네이비, 무늬 있는 것 등. 소재에 따라 다르기는 하지만 반대로 피하는 것이 좋은 것은 하늘색, 그레이, 카키, 갈색, 원색 계열.

### ✕ 비에 젖으면 눈에 띄는 색

이렇게 얼룩이
눈에 띕니다.

[ 하늘색 ]　　[ 그레이 ]　　[ 카키 ]　　[ 갈색 ]

## POINT 소재

◎ **[ 폴리에스터, 나일론 ]**
속건성이 우수하고 구김이 잘 안 생김

○ **[ 리넨 ]**
속건성은 있지만, 습기나 비에 젖으면 구김이 생기기 쉽다.

△ **[ 면 ]**
물에 젖으면 잘 마르지 않는다.

**[ 울 ]**
젖은 상태에서 마찰이 더해지면 손상되기 쉽다.

✕ **[ 실크, 레이온 ]**
물에 약하므로 NG. 물세탁이 가능하도록 가공된 것이라면 OK.

**[ 가죽 ]**
비로 인한 얼룩이 생기기 쉽고, 물에 젖으면 열화가 빠르다.

기타　짙은 색의 면 소재는 물이 빠져 다른 옷이 물들 수 있으므로 비 오는 날은 주의가 필요합니다. 새 청바지도 주의.

비 오는 날의
코디네이션 (예)

**TOPS**
비로 인한 얼룩이 눈에 잘 안 띄는 색으로 속건성이 있는 것을 고르면 좋다.

**BAG**
합성피혁, 나일론, PVC 등의 소재가 좋다. 가죽은 방수 가공된 것 이외는 피하는 것이 무난함.

**BOTTOMS**
젖거나 흙탕물이 튀어도 눈에 띄지 않는 짙은 색을 추천. 길이는 풀 랭스(full length)가 아닌 것이 좋다.

**SHOES**
우천용 신발이 가장 좋지만, 우천용이 아니어도 합성피혁이라면 OK!

# 실패하지 않는 타이츠 색상 고르는 방법을 알려 주세요.

자주 화제에 오르는데 의외로 어려운 문제입니다. 여러 가지 색을 갖추다 보면 관리도 어려워지므로 기본적으로 검정이나 그레이를 사용하는 편인데, 그래도 무겁다는 느낌이 들 때는 무릎 위 길이의 내추럴 판탈롱 스타킹을 신고 있습니다.

**POINT** · **컬러 매칭**

최소한 타이츠와 신발 색깔이 조화를 이루게 하면 깔끔하게 연출됩니다.

이 부분이 같은 계열 색으로 연결되면 깔끔하다.

**POINT** · **색상 선택**

추천하는 색깔은 그레이. 검정만큼 무겁지 않고 적당한 균형감을 연출합니다. 단정한 차림을 해야 하는 자리라면 투명감이 있는 것을. 캐주얼 스타일에는 비침이 없는 것을 사용하고 있습니다.

**드레시 코디**

○ **그레이 스타킹**

조금은 격식을 차려야 하는 차림새에 두꺼운 타이츠는 무거워 보이므로 스타킹을 이용.

**드레시 코디**

○ **투명감의 그레이 스타킹**

전혀 비치치 않는 두께의 타이츠보다 약간 투명감이 있는 80데니어 정도라면 고상한 인상으로.

**캐주얼 코디**

○ **그레이의 면 타이츠**

컬러 스커트에 그레이의 면 타이츠. 번쩍거리지 않고 비치지 않는 소재가 좋다.

**캐주얼 코디**

○ **그레이 양말**

검정 양말은 무거워 보이기 쉬운데 그레이라면 밸런스가 딱 좋다.

**기타**

○ **내추럴 스타킹**

검정도, 그레이도 무겁게 느껴질 때는 내추럴 스타킹을. 스타킹을 신었을 때 말리는 느낌이 싫어서 무릎 위 길이의 판탈롱 스타킹을 즐겨 신습니다.

**Q** 보트넥이나 깊이 파인 V넥을 입었을 때 속옷이 보이지 않도록 하는 요령은?

**A** 속옷의 목둘레를 자르는 등, 지금까지 여러 가지 방법을 시도해 봤지만, 왠지 없어 보이는 것 같아 목둘레선이 넓게 파인 것을 고르게 되었습니다. 지금은 tutuanna의 제품을 애용하고 있습니다. GU에도 비슷한 것이 있는 것 같습니다.

목 뒤쪽에서 살짝 보임

깊이 파인 V넥에서 살짝 보임

RECOMMEND

**tutuanna**

[ 깊이 파인 U넥 8부 소매 ]

목둘레가 크게 파여서 속옷이 겉에서 보일 걱정이 없어요! 오프숄더용도 있습니다.

**Q** 흰색 상의를 입을 때 속옷은 어떻게 하면 좋을까요?

**A** 잘 비치지 않고 혹시 보이더라도 속옷 같지 않은 라이트 그레이의 탱크톱을 입습니다. 흰색은 피부와 속옷의 경계가 의외로 확실하고, 베이지는 겉으로 보이게 되면 아저씨 같아서 민망할 수 있으므로 흰색 셔츠를 입을 때는 라이트 그레이의 속옷이 좋습니다.

# Q 기본 아이템인 흰색 컨버스가 안 어울려요…

기본 아이템이라고는 해도 메인 소재가 '천'으로 되어 있습니다. 옷과 소재가 너무 친숙해서 가죽 등과 비교하면 드레시한 느낌이 없고 때에 따라서는 두리뭉실하니 촌스러운 느낌이 들 수도 있습니다. 사이드의 빨간 선도 캐주얼 무드 만점이므로 신경 쓰이는 요인일지도 모르겠네요.

# Q 흰색 하의는 봄여름 이미지가 있는데, 겨울에 입어도 될까요?

물론 겨울에도 입을 수 있습니다. 겨울의 흰색은 맑은 겨울 공기감과 잘 어울리며, 눈을 연상시키는 겨울 이미지 컬러이기도 해서 필자 역시 자주 애용합니다. 흰색에도 여러 가지가 있으므로 매치할 옷에 따라 어울리는 색조를 고르면 좋겠지요.

차가운 색 코디

새하얀색과 잘 어울립니다.

따뜻한 색 코디

따뜻한 느낌이 있는 오프화이트를 추천합니다.

**Q** V넥 카디건과 크루넥 카디건의 용도를
어떻게 나누나요?

**A** 코디네이션의 방향성에 맞추고 있습니다.

## V넥 카디건

–

### 샤프하고 멋진 분위기
연출

※ 단, 카디건 한 벌만을 입는
트렌드 스타일의 경우는 V넥
니트와 마찬가지로 여성스러
운 인상이 풍깁니다.

샤프한 라인이 인상적. 매니시한 분위기를
만드는 데도 좋아요.

깔끔하고 멋진 느낌으로 연출하고
자 할 때는 사실 어깨에 툭 걸치기
만 하는 경우가 많습니다.

## 크루넥 카디건

–

### 고급스럽고 성숙하면서도
귀여운 분위기 연출

원피스의 고급스러움을 유지하면서 성숙한
귀여움이 더해집니다.

데님 스타일에 툭 걸치면 러프한 분위기가
알맞게 중화됩니다.

## 겨울 중반에 접어들면서부터는
## 니트가 슬슬 지겨워지기 시작해요…

필자 역시 해가 바뀔 때쯤부터 봄옷을 꺼내 놓기도 하는데 여전히 춥긴 해도 두꺼운 니트가 지겨워지기 시작합니다. 그럴 때는 셔츠나 롱 티셔츠를 겹쳐 입어 분위기를 살짝 바꿔 보곤 합니다. 분위기도, 기분도 달라지므로 꼭 시도해 보세요.

| [V넥 카디건×보더 티셔츠] | [V넥 니트×셔츠] | [하이넥 니트×무늬 셔츠] |
|---|---|---|

## 에나멜 펌프스와 스웨이드 펌프스를
## 어떤 기준에 맞춰 사용을 구분하나요?

착화감과 이미지에 따라 구분해서 신고 있습니다.

[에나멜]

**POINT**  **착화감**

[에나멜]

합성피혁인 에나멜은 발이 아프기 쉬우므로 오래 걷는 날은 피하는 편입니다.

[스웨이드]

신발이 발 모양에 잘 맞아 착화감이 좋으므로 평상시에 추천.

[스웨이드]

**POINT**  **이미지**

[에나멜]

고급스러운 광택감이 있어 드레시한 이미지. 파티 등의 화려한 장면에 잘 어울립니다.

- 페미닌한 코디를 더욱 화사하게 하고자 할 때
- 매니시한 코디에 특유의 광택감으로 여성스러움을 더하고자 할 때

[스웨이드]

고급감이 있는 질감으로 고상한 이미지. 색상 전개도 풍부해서 개성을 표현하기 쉽습니다.

- 데님 등, 러프하고 캐주얼한 코디도 우아한 인상으로.
- 여성스러운 페미닌 코디도 구두 끝이 뾰족한 포인티드 토(pointed toe)를 매치하면 멋지게 연출됩니다.

## Q 전체적인 스타일을 정할 때 무엇을 기준으로 하나요?

A 딱히 이렇다 할 규칙은 없지만 평상시와 비 오는 날은 구분하고 있습니다.

**평상시**

메인 아이템부터 결정

**비 오는 날**

신발부터 결정

먼저 '그날 입고 싶은 아이템이나 그날 마음이 가는 색'을 기본으로 TPO(시간, 장소, 상황)에 맞는 메인 아이템을 정합니다. 옷이 모두 정해지면 백 → 신발 순으로 매치하는 경우가 많습니다.

비오는 날에는 먼저 신중하게 골라야 하는 것이 신발. 날씨 상황이나 TPO에 따라 먼저 신발 → 그에 맞는 하의의 순으로 정합니다(비 오는 날의 신발에 대한 상세는 p17 참조). 그런 다음 상의 → 백 순서로 고르는 경우가 많습니다.

## Q 다림질하는 수고를 가능한 한 덜고 싶습니다.

A 소재에 따라 다르겠지만, 탈수 직후 손으로 펴서 널면 제법 구김을 없앨 수 있습니다. 평평한 장소에서 손바닥과 손가락 전체를 사용해 구김을 펴면서 천천히 눌러 주면 다림질을 하지 않아도 그럭저럭 괜찮은 상태가 됩니다.

# Q 옷을 새로 구매해야 할 때를 알려 주세요.

의류는 기계처럼 결정적으로 고장이 나거나 하는 일은 없으므로 객관적인 판단이 필요합니다.

① 옷이 쭈글쭈글해지거나 늘어나는 등, 실루엣이나 감촉이 달라졌을 때
② 얼룩이 안 지워지거나 누레졌을 때
③ 실루엣이나 사이즈감이 요즘 스타일과는 맞지 않게 되었을 때

③과 관련해서 기본적인 아이템일수록 바꿔줄 필요가 있습니다. 사실 필자도 최근 들어 3년 전에 구매한 몸에 딱 들어맞는 V넥 니트를 대신할 것으로 적당히 헐렁한 실루엣의 니트를 구매했답니다.



# Q 중심을 높이는 방법과 낮추는 방법의 규칙을 알려 주세요.

일반적으로 하의가 무거운 색이면 중심이 아래로 쏠리고, 상의가 무거운 색이면 중심이 높아지는 만큼 활동성이 있어 보인다고 하니 코디의 인상을 구분하면 좋을 것 같습니다.

# 부분 케어

나이가 드러나기 쉬운 부분은 평소 관리를 하는 것이 중요합니다.
최소한의 방법으로써 부분별 손질 및 관리를 소개할까 합니다.

## HAIR CARE
### 헤어

나이를 먹는 것은 피부만이 아니라 머리카락도 마찬가지 입니다. 윤기 있는 건강한 머릿결을 유지하고 싶네요.

드라이어로 머리를 말릴 때는 위에서 아래로 뒤에서 앞으로 바람을 쐬면서 뿌리에서부터 말립니다. 90% 정도 말랐다면 마무리는 찬바람으로, 큐티클층이 닫혀 머리카락에 윤기가 생깁니다.

아래에서 위로 드라이어 바람을 쐬면 머릿결이 퍼석퍼석해지는 원인이 됩니다.

### ☑ 샴푸 & 컨디셔너

'NAPLA의 CARETECT'

배합된 '헤마틴'이라는 성분이 머리카락에 영양을 주어 찰랑찰랑 매끈매끈한 머릿결로 가꿔줍니다. 온라인 쇼핑몰을 이용하면 싸게 구매할 수 있습니다.

### ☑ 오일

수건으로 머리를 말린 후 손상되기 쉬운 머리카락 끝에 소량의 오일을 발라 브러시로 빗질해줍니다. 머리카락뿐 아니라, 모든 부분의 건조 대책에 사용 가능합니다.

## NECK CARE
### 목

숨기기 어려운 목주름 대책은 매일의 관리와 더불어 평소의 바른 자세도 중요합니다.

### ☑ 스마트폰 사용 시

목주름과 이중 턱이 더 심해지지 않도록 스마트폰을 볼 때는 가능하면 눈높이에 화면을 맞춰 주세요.

### ☑ 베개

목주름 예방을 위해 낮은 베개를 사용하고 있습니다. (무인양품)

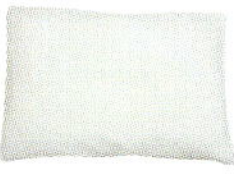

### ☑ 쇄골 부분의 자외선 대책

바쁜 아침에도 간편하게 쇄골 부분에 바를 수 있도록 세면대 가까이에 펌프식 UV 젤을 두고 있습니다.

## NAIL CARE
### 손톱

네일은 전체적인 코디에 방해가 되지 않는 색을 고릅니다.

  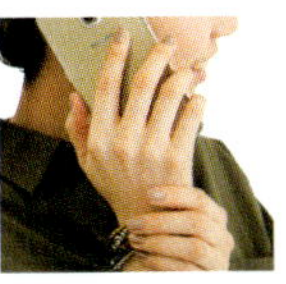

**☑ 네일**

1_이브 생로랑의 39번 (BEIGE GALLERY)은 베이지와 그레이의 배합 비율이 절묘하여 피부가 예쁘게 보입니다. 2_샤넬의 08번 (PIRATE)은 주로 페디큐어용으로 발색과 광택이 아름답습니다. 3_KATE의 톱코트는 착한 가격에 광택이 오래 가므로 즐겨 사용합니다. 4_논 아세톤 타입의 제광액으로 냄새가 없고 잘 지워집니다. (무인양품)

## HAND CARE
### 손

집안일로 손상을 입기 쉬우므로 여러 자극으로부터 보호하려고 합니다.

**☑ 장갑**

물을 만지는 일을 할 때의 필수품. 건조가 심할 때는 손에 핸드크림을 발라 면장갑을 낀 후에 고무장갑을 겹쳐 끼면 손이 촉촉해집니다.

## EYE CARE
### 눈

눈 피로의 원인인 블루라이트로부터 눈을 보호하는 대책이 필요합니다.

 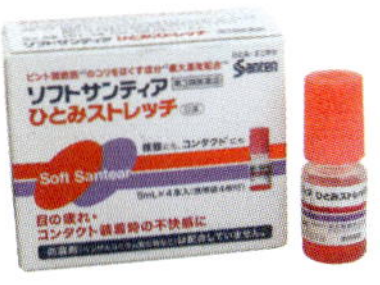

**☑ 블루라이트 차단 안경**

컴퓨터를 장시간 사용하므로 PC용 안경은 필수품. 눈의 피로가 줄어들므로 꼭 착용하고 있습니다.

**☑ 안약**

오래 사용할 수 있는 타입으로 방부제가 들어가 있지 않으면 좋습니다.

## FOOT CARE
### 헤어

뒤꿈치는 잘 관리하면 샌들을 신는 계절이 두렵지 않아요.

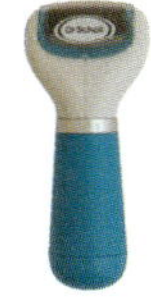 

**☑ 뒤꿈치 각질 케어**

지금까지 각질 케어를 위해 여러 가지 방법을 시도해 봤지만, 이게 가장 편하고 깨끗하게 마무리되더군요.

**☑ 다이소의 뒤꿈치 팩**

각질 제거 후에는 보습이 중요합니다. 사용 후에는 세탁기에서 빨곤 하는데 아직 상태가 괜찮습니다. (다이소)

# · Hair Arrange How To ·

## 간단한 볼륨 헤어 연출법

어떤 머리 모양을 하건 기본적으로 볼륨을 주는 편입니다. 핫 컬러나 고데기 등을 사용하는 경우도 있지만, 머리 손상을 방지하기 위해 평소에는 사과머리 스타일로 볼륨 헤어를 연출하고 있습니다.

먼저 전체의 3분의 1 정도를 꼬아서 번헤어(사과머리) 스타일로 만듭니다.

머리카락 뿌리 부분 가까이에서 고무줄로 살짝 묶어 줍니다.

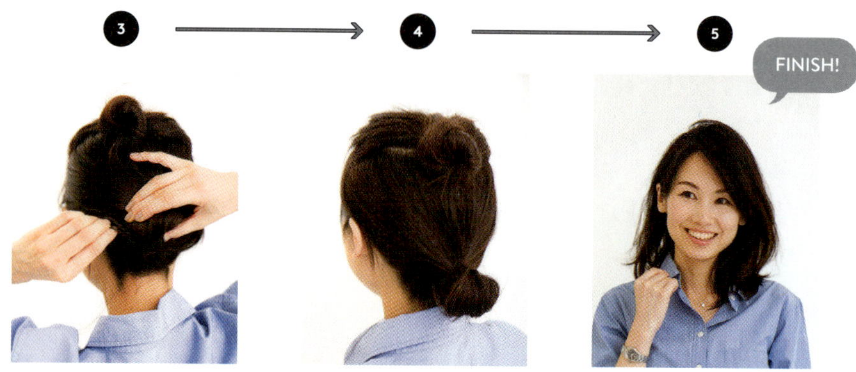



나머지 머리카락도 마찬가지로 번헤어 상태로 해서 묶어 줍니다.

이 상태로 30분 정도 방치. 이렇게 머리를 묶어 놓고 집안일이나 화장을 합니다.

손가락으로 잘 풀어헤쳐 머리카락 끝에 왁스를 적당히 바릅니다. 마무리로 스프레이를 살짝 뿌려주면 완성입니다.

# 06

## 브랜드별 추천 아이템

**recommended items**

적당한 가격으로 좋은 제품을 살 수 있는
믿음직한 브랜드와
애용하는 추천 아이템을
소개합니다.

BRAND N°1

# UNIQLO

유니클로 덕분에 엑스트라 파인 메리노(Extra Fine Merino)나 고급 피마 코튼 등의 고급 소재를 누구나가 살 수 있는 가격이 되었습니다.
고품질에 합리적인 가격의 소재에 많은 이목이 쏠리고 있는데, 이전보다 트렌드를 의식한 아이템이 늘어나니 기쁜 일이네요.

*- Recommend Item*

### 엑스트라 파인 코튼 셔츠

세계에서 수확되는 면의 연간 생산량 중 3%밖에 안 되는 초장면(extra long staple cotton)을 사용한 상질의 소재. 너무 붙지도 헐렁하지도 않은 사이즈로 편안한 착용감이 마음에 듭니다.

*- Recommend Item*

### 프리미엄 리넨 셔츠

본 고장 프랑스산의 고품질 리넨을 사용한 셔츠는 컬러 구성이 풍부하여 매년 어떤 제품이 나오는지 확인하는 게 즐겁습니다. 흡습 속건성이 좋은 소재라 습도가 높은 여름 날에도 기분 좋게 입을 수 있습니다.

*- Recommend Item*

### 엑스트라 파인 메리노 시리즈

메리노 울 중에서도 특히 매우 가는 섬유를 사용. 보풀이 잘 안 생기는 특수 가공 사양으로 세탁기로 빨 수 있습니다. 초명품급 아이템. 여름에는 시원하게 겨울에는 따뜻하게 연중 사용할 수 있는 롱 셀러 아이템입니다.

*- Recommend Item*

### 울트라 라이트다운 콤팩트 재킷 & 베스트

얇고 가볍고 따뜻한 이너다운. 두꺼운 니트를 입었을 때나 외투 소매가 짧은 경우는 조끼 타입이 좋습니다.

BRAND N°1

# UNIQLO

또한, 유니클로 제품 가운데 꼭 추천하고 싶은 것은 '오래전부터 있었던 아이템'으로 이른바 롱 셀러 제품. 사용자의 니즈에 부응하기 위해 계속 개량되고 진화해 온 것이므로 품질은 보증합니다.

**5** *- Recommend Item*

### 스트레치 크롭 팬츠

바지에 앞주름이 들어가 있어서 다리가 예쁘게 보이는 드레시 스타일의 바지입니다. 앞트임에 벨트 고리가 있어서 단정한 느낌입니다. 흰색이지만 비치지 않고 구김도 잘 안 생겨 안심할 수 있습니다.

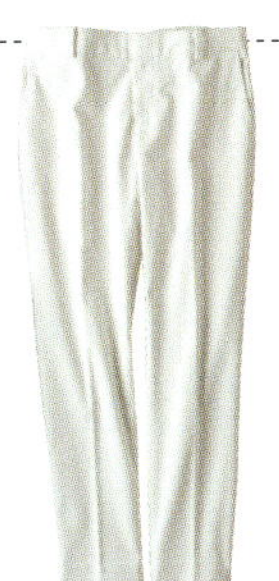

**6** *- Recommend Item*

### 드레이프 와이드 앵클 팬츠

체형도 커버해 주고 착용감이 편해서 중독될 정도입니다. 유니클로의 독자적인 폴리에스터를 사용해 부드럽게 늘어지는 소재감이 고급스러워 보입니다. 구김이 잘 안 생기고 빨면 금방 말라서 어떤 장면에서든 큰 활약을 합니다.

**7** *- Recommend Item*

### 고급 피마 코튼 이너

피부에 직접 닿는 것은 역시 면이 최고입니다. 세계에서 수확되는 면 중 겨우 1% 미만밖에 생산되지 않는 희소성 높은 면이 파격적인 가격으로 손에 넣을 수 있게 되었습니다. 촉감이 좋아 사시사철 애용하고 싶은 아이템입니다.

**8** *- Recommend Item*

### 히트텍 웨이스트 웜 숏팬츠

복부가 이중 구조로 되어 있어서 냉하기 쉬운 복부를 확실하게 보온해 줍니다. 얇지만 보푸라기가 일지 않고 고무가 들어가 있지 않아 조이는 느낌이 없어 매우 쾌적하지요.

BRAND N°2

# PLST

옷이 너무 비싸면 손 내밀기가 쉽지 않고 평소 즐겨 입거나 관리하기도 쉽지 않죠. 그런데 PLST는 적당한 가격대와 높은 품질의 소재로 원하는 아이템이 꼭 찾아지는 믿음직한 브랜드입니다. 옷 관리 및 손질도 세탁소에 맡기지 않고 직접 해도 되는 경우가 많아 좋습니다.

---

**1**   *- Recommend Item*

### 재킷

재킷을 사고 싶을 때는 먼저 PLST에서 찾아보곤 하는데, 가격도 적당하고 실루엣도, 소재도 좋은 제품이 많습니다. 깃 없는 재킷은 테일러 재킷처럼 딱딱한 느낌도 별로 없고 여성스러운 분위기입니다.

---

**2**   *- Recommend Item*

### 팬츠

다리가 예쁘게 보이는 바지를 꼽자면 역시 PLST의 바지. 기본 디자인에서부터 트렌드 감각이 있는 것까지 종류도 사이즈도 다양합니다. 직접 관리해도 옷 모양이 망가지지 않으므로 세탁소에 맡길 필요가 없습니다.

---

**3**   *- Recommend Item*

### 스키니핏 청바지

드레시 스타일의 팬츠뿐 아니라 청바지도 인기가 많습니다. 색감이나 실루엣도 예뻐서 "그 바지 어디거야?"라는 말을 자주 듣습니다.

---

**4**   *- Recommend Item*

### 울 캐시미어 V넥 니트

촉감과 착용감이 너무 좋아서 색이 다른 것으로 여러 개를 장만할 정도로 마음에 드는 제품입니다. 원단 표면의 폭신폭신함이 피부에 부드럽게 닿는 게 감동할 정도입니다.

---

**5**   *- Recommend Item*

### 탱크톱

원단 두께와 목둘레의 파인 정도가 적당해서 라이트그레이, 흰색, 네이비를 장만해 애용하고 있습니다. PLST의 롱 셀러 아이템입니다.

BRAND N°3

# MUJI

색상과 디자인이 매우 심플합니다. 피부에 닿는 촉감이 좋고 착용감도 좋습니다. 소재에 따라 다르긴 하지만, 치수 표시뿐 아니라 세탁 표시까지 원단 자체에 프린트하는 등, 무인양품만의 특색이 가득한 상품에 주목하고 있습니다.

**1** *- Recommend Item*

### 오가닉 코튼 티셔츠

목둘레에 늘어남 방지 테이프가 처리되어 있어서 안심됩니다. 치수 표시와 세탁 표시가 태그 대신 원단 자체에 프린트되어 있어서 착용감이 좋습니다.

**2** *- Recommend Item*

### 오가닉 코튼 스트레치 크루넥 티셔츠

핏감과 감촉이 매우 좋아서 주로 재킷이나 카디건의 이너로 애용하고 있습니다.

**3** *- Recommend Item*

### 오가닉 코튼 워시트아웃 셔츠

무인양품(MUJI) 하면 뭐니 뭐니 해도 오가닉 코튼 셔츠죠. 원단의 감촉이나 느낌이 보기에도 고급스럽고 다림질도 필요 없어 세탁 및 관리가 편합니다.

**4** *- Recommend Item*

### 재팬 데님 테이퍼드 보이프렌드

다른 청바지보다 조금 비싸기는 하지만 자연스러운 워싱감으로 빈티지한 멋이 매력적입니다.

**5** *- Recommend Item*

### 벙어리장갑으로 사용할 수도 있는 반손가락 장갑

엄청 따뜻해서 자전거 탈 때면 꼭 착용합니다. 지금 것도 제법 오래 사용하고 있지요. 뒤집어 놓은 덮개를 풀어 씌어주면 벙어리장갑이 되는 기능성 만점 아이템입니다.

BRAND N°4

# GAP

아메리칸 캐주얼 스타일을 원한다면 GAP이 제격입니다. 회원 특전이나 할인 이벤트를 노려 싸게 사는 방법도 있습니다.

*- Recommend Item*
### 걸프렌드 데님

보이프렌드 데님처럼 헐렁하지도 않고, 몸에 딱 붙지도 헐렁하지도 않은 적당한 실루엣. 원래부터 데님 전문 브랜드이니만큼 데님은 특히나 추천할 만합니다.

*- Recommend Item*
### 컬러 아이템

GAP 제품에는 예쁜 색상의 것들이 많으므로 색깔을 기준으로 새로운 분위기를 연출하고자 할 때 추천합니다.

*- Recommend Item*
### 비치 샌들

끈 부분이 가는 가죽 느낌이라 예쁘게 보이는 샌들. 2년 전에 구매해서 좋았기에 작년에 검정을 추가로 샀습니다. 코디가 지나치게 캐주얼하지 않아 즐겨 신고 있습니다.

BRAND N°5

# ZARA

고품질의 트렌드 아이템을 부담 없이 즐기고 싶다면 ZARA.

*- Recommend Item*
### 신발

개성 넘치는 유행의 신발에서부터 심플한 펌프스에 이르기까지 부담 없는 합성피혁과 더불어 진짜 가죽 제품도 있습니다. 아무튼. 종류가 풍부하므로 먼저 온라인 매장에서 눈여겨본 후 오프라인 매장에서 확인하곤 합니다.

*- Recommend Item*
### 백

파티용 백에서부터 오피스용 데일리 백에 이르기까지 종류도 많고 신제품도 순식간에 업데이트되므로 온라인 매장에서 체크하는 것도 하나의 즐거움입니다.

BRAND N°6

# OTHERS

이밖에도 여러 가지 브랜드가 있는데, 적당한 가격에 구매할 수 있는 우수한 아이템을 소개합니다!

**1** — *Recommend Item*
### MACPHEE의 보더 보트넥 풀오버

MACPHEE의 롱 셀러 제품. 세번수(細番手)의 품질 좋은 코튼 저지 소재로 계절이나 트렌드 관계없이 예쁘게 입을 수 있습니다.

**2** — *Recommend Item*
### 노스탤지어의 컬러 아이템

트렌드감도 있고 맵시 있게 입을 수 있는 컬러 아이템을 적당한 가격에 구매할 수 있습니다.

**3** — *Recommend Item*
### GU의 신발

GU의 신발은 놀라울 정도의 가격인데 전혀 싼 티 나지 않고 만듦새도 가격에 상응하지만, 착화감도 좋습니다. 남몰래 애용하고 있는데 앞으로도 눈여겨볼 생각입니다.

**4** — *Recommend Item*
### 지아니 끼아리니(Gianni Chiarini)의 백

1974년부터 시작된 이탈리아 피렌체 지방의 백 브랜드. 고품질의 가죽 소재만을 엄선하여 사용하고 있습니다. 종류도 풍부해서 드레시 스타일 캐주얼 스타일을 불문하고 오래 사용할 수 있는 가성비 최고의 백입니다.

**5** — *Recommend Item*
### 이온 판탈롱 스타킹

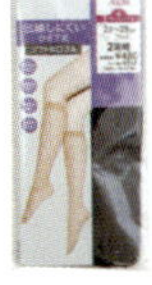

추운 계절의 바지 차림에 활용합니다. 무릎 길이라서 복부 주변을 조이는 일도 없고, 올이 잘 안 나가도록 가공되었으며 항균 방취 가공 제품입니다.

**6** — *Recommend Item*
### 벗겨지지 않는 양말

뒤꿈치 부분의 미끄럼 방지 실리콘으로 잘 벗겨지지 않고 발바닥 부분이 면 소재로 되어 있어서 쾌적합니다. (이토요카도)

**MY FASHION BOOK**

| by Michiko Hibi |

## · New Laundry symbol ·

# 일본의 세탁표시 기호, 이것만 기억하면 OK!

2016년 12월에 일본의 세탁표시 기호가 변경되었습니다.
일본 현지에서 옷을 구매한 경우 최소한 기억해 두면 좋은 것을 소개합니다.

## 1

'세탁기 사용이 가능함'을 나타내는 마크가 세탁기 그림에서 대야 그림으로 변경되었습니다.

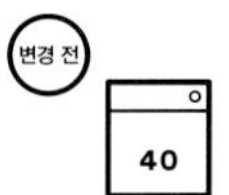

일반 코스     손세탁 코스

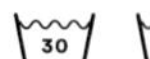     

**아래 선이 많을수록 작용은 약해진다.**

숫자는 온도 상한을 나타냅니다.

선이 2개인 것인 손세탁 코스로 부드럽게 빨면
된다고 기억해 두면 좋습니다.
그 이외는 일반 코스로 OK.

## 2

**대야에 손을 집어넣고 있는 그림은 '손빨래'**

1과 같이 대야 그림 = 세탁기 사용이 가능하다는 의미이지
만, 대야에 손을 넣은 그림은 손빨래를 해야 하므로 주의.

## 3

**대야에 ×표가 있으면 '물세탁 불가'**

가정에서 세탁할 수 없으므로 세탁소에 맡겨야 합니다.

## 4

**○안에 써있는 알파벳은 '클리닝 가능'**

알파벳까지 확인할 필요는 없습니다. 다만 '드라이클리닝밖에 안
된다'는 의미는 아니므로, [ ]나 [ ] 등의 기호가 함께 들어
가 있으면 가정에서의 세탁도 가능합니다.

## 5

**다리미 표시는 ·가 많을수록 온도가 높아집니다.**

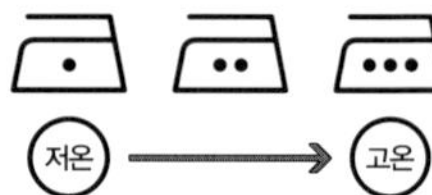

# 07

# 옷의 수명을 길게 하는 관리 방법

**clothing care guide**

어떤 옷을 고르느냐와 마찬가지로 매우 중요합니다.
약간의 수고를 들여 옷의 감촉을 오래 유지할 수 있게 합니다.

원래는 관리를 귀찮아했는데 약간의 수고를 들이면 예쁘게 유지할 수 있다는 사실을 알고부터는 귀찮았던 세탁도 조금 즐거워졌습니다! 도움이 되는 내용을 뽑아 소개합니다.

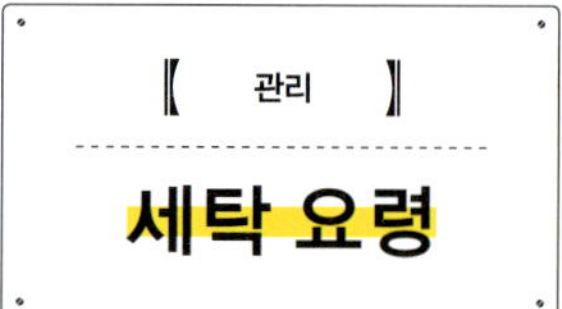


## ❶ 빨랫감은 흰색의 것과 짙은 색의 것을 따로 분리

처음에 새하얬던 수건이 어느 사이엔가 누렇게 변했다! 흰색 옷에 다른 물이 들고 말았다! 하는 일들이 종종 발생합니다. 이 문제는 흰색의 것과 색깔이나 무늬가 있는 것을 따로 분리해서 세탁하면 해결됩니다.

실험 삼아 흰색 수건 한 장을 색깔과 무늬가 있는 것과 섞어서 반년 이상 빨았더니 이런 결과가 되더군요.

혼자 자취하던 시절에는 흰색 수건은 오래 사용하다 보면 으레 누르스름해지기 마련이라고 생각했었습니다. 그런데 어느 날 고향 집에 내려갔다가 흰색 수건이 아무리 시간이 지나도 그대로라는 사실을 알게 되었죠. 그래서 엄마에게 말했더니 빨랫감을 전부 함께 섞어서 빨고 있다는 것을 아시더라고요.

그때부터 '흰색'과 '짙은 색'을 구분해서 세탁하는 습관이 생겼습니다. 이렇게 구분했더니 이염 문제도 발생하지 않고 흰색 수건에 검정 실밥이나 먼지가 묻는 일도 잘 없었습니다. '새것 같은 흰색'을 고집하는 분께 꼭 추천하고 싶습니다.

* 이미 누렇게 변한 흰색 수건이나 면 소재 옷은 스테인리스나 법랑 냄비에 약알칼리성 세제를 넣어 15~20분 정도 삶아주면 어느 정도 하얘집니다.

## ❷ 대야에 표시를

섬세한 소재의 옷을 손빨래할 때면 항상 세제나 물의 양을 대충 짐작해서 빨았었는데, 이 문제는 대야에 눈금을 표시하는 것으로 해결했습니다. 시판되고 있는 울 세제 사용 기준은 물 4ℓ당 10㎖입니다. 그래서 자주 사용하는 4ℓ와 6ℓ에 해당하는 부분에 방수 테이프를 가늘게 잘라서 붙여 두었습니다.

## ❸ 실크 스카프는 손빨래할 수 있는 것이 많다!

먼저 소재의 확인이 필요한데 면봉에 중성세제를 묻혀 눈에 잘 안 띄는 한쪽 구석에 톡톡 두드려 보고 (이때 면봉에 색이 묻어 나오면 끝). 얼룩이나 변색, 변질(실크의 부드러운 감촉이나 광택감이 사라지거나 질감의 변화)이 없는지 확인합니다. 또한, 눈에 띄지 않는 부분을 물에 적셔 변질이나 수축이 없는지도 확인합니다. 문제가 없으면 ❷로 진행. ❷ 중성세제를 풀어 부드럽게 누르는 식으로 빨아줍니다. ❸ 잘 헹군 후 수건에 끼워 물기를 제거합니다. ❹ 반 정도 말린 상태에서 저온~중온으로 다림질하면 끝.

※ ①단계에서 어떤 문제가 있는 경우는 드라이클리닝을 추천합니다.

## ❹ 짙은 색의 세탁물은 그늘에서 말린다

맑은 날에는 세탁물을 내리쬐는 직사광선에 바짝 말리는 것이 좋지만, 짙은 색 의류는 자외선의 영향으로 색이 바래거나 손상되기 쉬우므로 직사광선을 피해 반드시 그늘에서 말립니다. 꼭 볕에 말려야 한다는 분은 옷을 뒤집어서 말리면 좋을 것 같습니다. 세탁하기 전 단계에서 뒤집어 두면 세탁 시의 마찰도 줄일 수 있고 그 후의 일도 편해집니다.

## ❺ 세탁망의 효과적인 사용법

세탁망을 어떻게 사용하면 좋을지 잘 모르겠다는 얘기도 자주 듣게 되는데, 다음과 같이 해 보세요. 단, 더러움이 잘 빠지지 않을 수 있으므로 너무 많이 담지 않도록 주의하는 것이 포인트입니다.

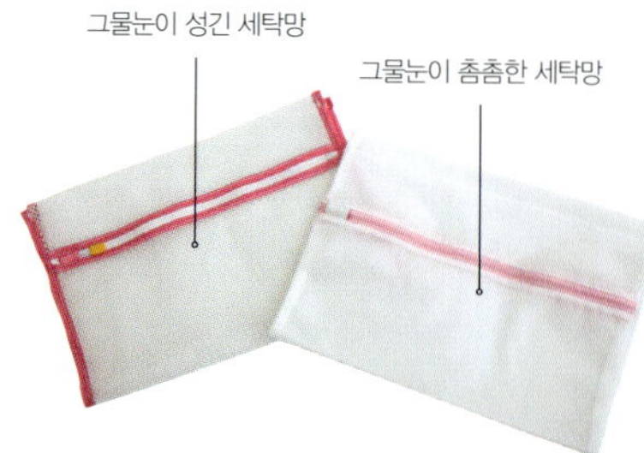


### ⓘ 평소 사용에 적합한 것은?

그물눈이 성긴 세탁망이 촘촘한 것보다 더러움 제거나 헹굼이 잘 되므로 평소 사용에 추천합니다.

### ⓘ 세탁망을 구분해서 사용하기

**[ 그물눈이 성긴 세탁망 ]**

① 늘어나거나 구겨지거나 모양이 망가지기 쉬운 것

② 마찰로 인해 보푸라기가 생기기 쉬운 소재의 것

③ 찢어진 청바지나 밑단 풀린 청바지 등

**[ 그물눈이 촘촘한 세탁망 ]**

① 걸리기 쉬운 지퍼나 훅, 자수, 스팽글 등의 장식이 있는 것

② 실밥이 묻어나오는 것을 방지하고 싶다면

### ⓘ 세탁망 사용으로 구김이 줄어든다?!

**CHECK!**   구김을 줄이는 기타 방법으로 탈수시간을 짧게 하면 구김이 줄므로 꼭 한 번 시도해 보세요.

## ⑥ 표백제에 대해서

표백제에는 <u>염소계 표백제</u>와 <u>산소계 표백제</u>의 두 종류가 있습니다. 빨아도 지워지지 않는 더러움이나 얼룩 제거에 효과적입니다. 염소계는 흰색에만 사용할 수 있고 원단이 손상되기 쉬우므로, 평소 빨래할 때는 물세탁 가능한 옷이라면 만능으로 사용할 수 있는 산소계 액체 표백제를 사용합니다.

세탁표시에 △마크가 있으면 OK

세탁표시에 △마크나 ⚠마크가 있으면 OK

### ⓘ 산소계 표백제 사용법

**[평소 세탁에 플러스알파]**

누르스름해지거나 거무스름해진 것의 표백, 항균, 소취 대책으로 사용. 땀이나 냄새가 신경 쓰이는 여름철에 평소 사용하는 세제와 함께 사용합니다.

**[잘 빠지지 않는 오염에 직접 도포]**

더러워진 부분에 직접 스며들게 한 후 바로 세탁기에 돌립니다.

**[담가둘 때]**

제균, 소취 대책에 사용. 미지근한 물에 표백제를 푼 것에 30분~1시간 정도 담가 둡니다. 덜 말라 냄새가 나는 수건 등에 사용하기도 합니다.

## ⑦ 손세탁해야 하는 것은 모아서 한 번에 빨면 친환경적입니다

세탁기에서 빨았다가 마찰로 인해 손상되거나 형태가 망가질 것 같아 신경 쓰이는 옷은 같은 세탁액을 사용하면 시간도, 수도세도 절약할 수 있어 일거양득입니다.

[흰색 의류]

세탁액이 거의 투명

[중간색 의류]

약간 탁해짐

[짙은 색 의류]

짙은 색 의류에서 물이 빠져 거무스름한 세탁액으로 변함

새로 산 것처럼 감촉과 형태를 유지하려면 역시 손빨래가 최고! 소중하게 관리한 만큼 수명이 오래갑니다.

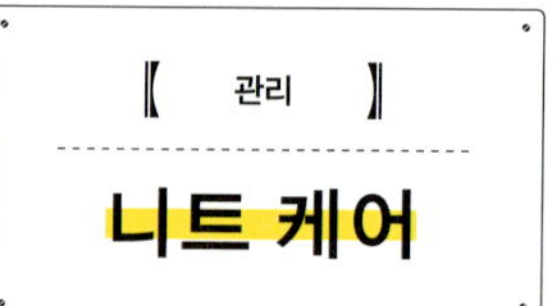


**1**

깃, 소매 등의 더러움은 고급 중성세제 원액을 묻혀 전용 브러시나 부드러운 칫솔로 살살 문질러 전처리를 해둡니다(사전에 색이 빠지는지 확인해 주세요).

**포인트** 뚜껑에 원액을 부어 브러시를 적십니다. 남은 원액은 그대로 세탁액으로 사용하면 낭비를 줄일 수 있습니다.

**2**

음식물이 묻는 등, 잘 지워지지 않는 얼룩이나 더러움이 있다면 부분 세탁용 전용 세제로 관리합니다.

**3**

규정량의 세탁액을 만들어 부드럽게 누르면서 빨아 헹굽니다(수축이나 손상의 원인이 되므로 주무르거나 비비지 마세요).

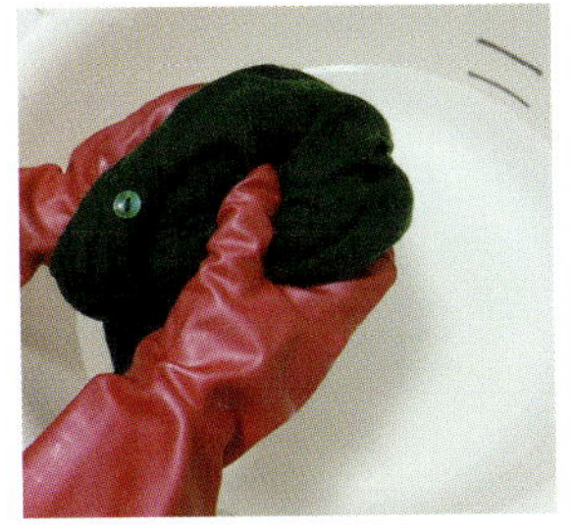

깨끗한 물에 2~3회 헹군 후 손으로 가볍게 물기를 짜줍니다.

※ 중성세제를 사용한 경우 기본적으로 유연제는 필요 없지만, 더욱 부드럽게 하고자 한다면 마지막 헹굼 시에 유연제를 넣습니다.

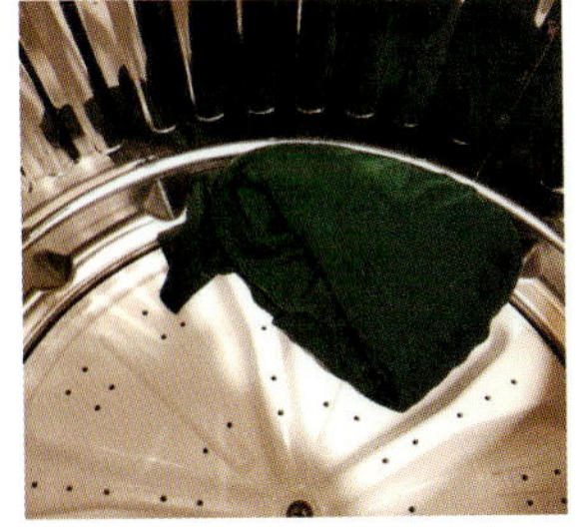

니트를 곱게 갠 상태로 탈수기에 넣습니다. 탈수할 때 생기는 구김은 잘 없어지지 않으므로 고속 회전이 시작되면 30~40초만 돌리고 멈춥니다.

직사광선은 색 바램, 원단 손상의 원인이 되므로 그늘에서 평평하게 말립니다. 니트의 형태가 망가지지 않도록 하는 접이식 망이 있으면 편리하겠죠.

## ⓘ 왜 니트는 손빨래를 추천하나요?

니트 소재로 흔히 사용되는 것은 울, 캐시미어, 앙고라 등. 이들 동물 털은 수분을 머금으면 큐티클이 일제히 열리는데, 그 상태로 주무르거나 비비면 큐티클끼리 서로 엉켜서 수축하기 쉬워집니다. 세탁기의 손세탁 코스는 편리하기는 하지만, 원단에 마찰 등이 가해지기 쉬우므로 니트의 경우는 역시 손빨래가 최고입니다.

간단한 니트 다림질. 핸디 다리미를 바로 꺼낼 수 있는 장소에
수납해 두면 그때그때 손쉽게 관리할 수 있습니다.



## ① 니트 다리기

니트는 스팀 기능을 사용하면 놀라울 만큼 손쉽
게 구김을 없앨 수 있습니다. 방법은 두 가지 패턴
이 있으므로 편리한 방법을 꼭 한 번 이용해 보
세요.

건조한 직후에는 사진에서처럼
희미하게 구김이 있게 마련입니다.

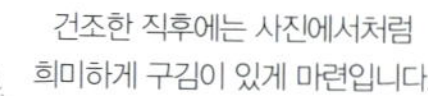

#### ① 옷걸이에 건 상태로 다림질

옷걸이에 건 상태로 다림질하면 되는데, 니트 안쪽에서 스
팀을 갖다 댑니다. 그러면 털이 찌그러지지 않고 보송보송
부드럽게 마무리됩니다.

모양이 됩니다.
니트도 다림질하면 새것 같은 감족과

FINISH!

#### ② 평평한 상태로 다리미를 띄워서 다림질

평평한 상태로 다림질할 때는 털이 찌그러지지 않도록 다리
미를 1~2cm 띄워서 스팀을 댑니다.

## ② 마 셔츠 다리기

마 소재는 살짝 구김이 있어도 자연스러운 소재이지만, 구김이
너무 많아 구깃구깃하면 초라해 보입니다. 탈수하지 않고 그냥
말리면 구김이 덜 생겨 다림질이 훨씬 편합니다.

세탁한 후에는 탈수하지 않고 물이
뚝뚝 떨어지는 상태 그대로 옷걸이
에 걸어서 말립니다.

깃이나 소매 등 신경 쓰이는 부분을
다림질합니다. 스팀다리미용 장갑이
있으면 훨씬 안정적으로 다림질할
수 있습니다.

희미한 구김을 남겨놓고 다림질 끝!
마 소재이므로 구석구석 쫙쫙 펴면
서 다림질할 필요는 없습니다.

## ③ 트렌치 코트의 뒤쪽 아랫부분을 다림질하는 방법

관리가 성가신 코트의 구김. 코트의 면적이 큰 만큼 옷걸이에 건 상태로 다림질하는 편이 간단합니다.

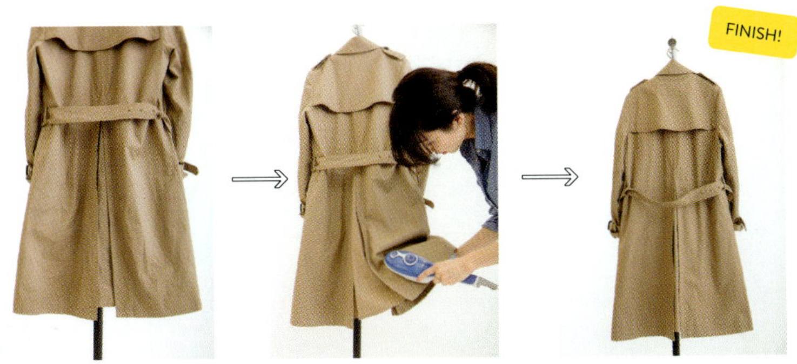


면이 들어가 있는 것은 아무리 조심
을 해도 구김이 생기기 쉽습니다.

가벼운 구김이라면 스팀다리미로도
충분히 펴지지만, 구김이 심할 때는
소재를 확인한 후 물뿌리개를 사용
하면서 다림질해 주세요.

완성! 의외로 뒷모습을 보는 사람
이 많으므로 확실한 관리가 필요합
니다.

## · Washing Item ·

# 편리한 의류 세탁 및 관리 아이템

평소의 세탁이나 관리에 애용하는 아이템을 소개합니다.

**1**

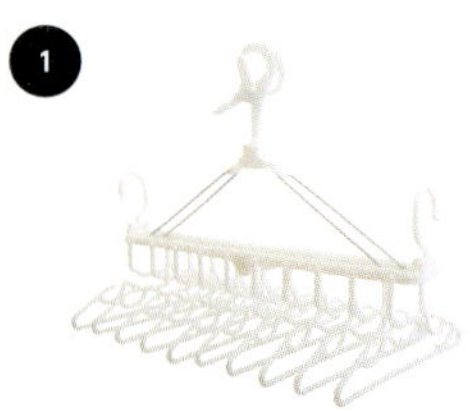

### [10벌 연속 걸이 행거]

아이가 태어났을 때부터 사용하기 시작했는데, 한 번에 널고 한 번에 거둘 수 있어 편리하며 조그맣게 접어서 보관할 수 있습니다. 아이 옷뿐 아니라 어른의 속옷이나 티셔츠도 말릴 수 있어 편리합니다.

**2**

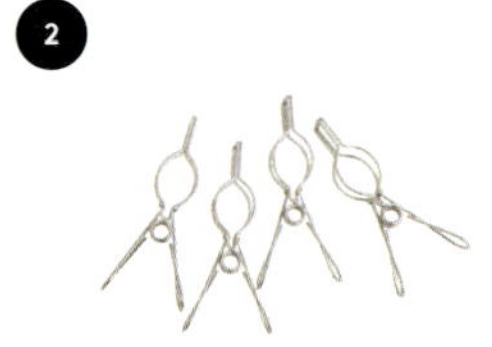

### [스테인리스 핀치]

옥외용 빨래집게는 스테인리스 재질의 것이 좋습니다. 플라스틱은 빨리 열화하여 부서지기 쉽지만, 스테인리스 집게는 오래 사용할 수 있습니다. 플라스틱보다 비싸기는 해도 내구연수를 생각하면 싼 편입니다.

**3**

### [다리미 시트]

일부러 다리미판을 꺼낼 필요까지는 없는, 예를 들어 손수건 등의 부피가 작은 것을 다릴 때 사용합니다. 3겹으로 접게 되어 있어서 수납하는 자리도 차지하지 않습니다.

**4**

### [다리미용 장갑]

옷걸이에 건 상태로 다림질할 때 다리미용 장갑이 있으면 밑단이나 깃, 소매 부분 등 불안정해지기 쉬운 가장자리 부분을 확실하게 다릴 수 있습니다.

**5**

### [얼룩 제거용 세제]

캐시미어 등의 섬세한 소재라도 물세탁이 가능하다면 폭넓게 사용할 수 있는 부분 얼룩 제거용 세제.

**6**

### [세탁용 비누 샤본다마 스노르]

일반 세제와 비교해서 비교적 비싸기는 하지만, 그만큼 안전성도 높습니다. 피부와 직접 닿는 아이템에 사용합니다. 유연제를 사용하지 않아도 부드럽게 마무리됩니다. (샤본다마 비누)

**7**

세탁물 전처리용으로 사용. 섬세한 소재에도 사용할 수 있도록 매우 부드러운 칫솔을 이용하고 있습니다. 깃, 소매나 핀 포인트로 제거할 수 있는 더러움이 있을 때 사용합니다.

### [칫솔]

**8**

여러 가지 빨랫비누를 사용해 봤는데, 이 제품은 흡반&그물망 형태로 사용 후 걸어 놓고 말릴 수 있다는 점과 스틱 모양이라 손에 잡기 쉽다는 점에서 참 좋습니다. 오염도 잘 빠집니다.

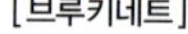

### [브루키네트]

Profile

## 히비 미치코 日比理子

패션 어드바이저, 패션 라이터.
국내항공회사를 퇴직한 후 의류업계를 거쳐 프리랜서 패션 어드바이저로
2014년에 독립한다. 패션 색채가 특기 분야로 가성비 좋은 아이템을 조합
한 캐주얼한 스타일링과 의류 관리를 중심으로 한 블로그가 호평을 받으면
서 공식화한다. 또한, 생활 정보 사이트 〈All About〉에서 패션 전문가로
기사를 쓰고 있다. 그 밖에 다양한 매체를 대상으로 코디네이션 기술의 제
안 및 상품기획, 패션 페이지 감수, 강연 등을 중심으로 왕성하게 활동 중
이다. 저서로는 《마이 스타일링 북》이 있다. 초등학생인 두 아이의 엄마이
기도 하다.

**공식 블로그**   http : //ameblo.jp/hibi-michi/
**인스타그램**   MICHIKOHIBI

Staff Credit

사진              이와세 타이지(인물)
                 (커버, p1, 6, 9, 10, 12, 13, 26, 27, 37, 47, 57, 60, 70, 77, 84)

                 구보타 이즈미(정물)
                 (띠지, p8~16, 18~22, 27~36, 38~46, 48~56, 58, 59, 69, 71~75
                 78, 79, 81~83, 85, 88, 89, 91~95, 102, 110~115, 120)

                 후세 아유미(인물, 정물)
                 (p8, 9, 11, 14, 15, 17, 21~24, 60~65, 69, 78~80, 84, 88~90
                 92~96, 98, 99, 101, 103~108, 113~115, 120, 124~126)

                 상기 이외는 저자 촬영

헤어메이크         나카니시 유지(커버, p1, 6, 9, 10, 12, 13, 26, 27, 37, 47, 57, 60, 70, 77, 84)
북디자인           가와이 히로야스(VIA BO, RINK)

                 나카무라 에리(VIA BO, RINK)

교정              오카와 마유미

MY FASHION BOOK by Michiko Hibi
Copyright ⓒ 2017 Michiko Hibi
All rights reserved.
Original Japanese edition published by DAIWASHOBO, Tokyo.
This Korean edition is published by arrangement with DAIWASHOBO,
Tokyo in care of Tuttle—Mori Agency, Inc.,
Tokyo through IMPRIMA KOREA AGENCY, Seoul.

이 책의 한국어판 출판권은 Tuttle—Mori Agency, Inc., Tokyo와 Imprima Korea Agency를 통해
DAIWASHOBO와의 독점계약으로 터닝포인트에 있습니다.
저작권법에 의해 한국 내에서 보호를 받는 저작물이므로 무단전재와 무단복제를 금합니다.

# 마이 패션북

초판 1쇄 인쇄는 2018년 4월 6일
초판 1쇄 발행은 2018년 4월 13일

**지은이**　　히비 미치코
**옮긴이**　　고정아

**펴낸이**　　정상석
**기획 · 편집**　　엄진영
**본문 디자인**　　앤미디어
**표지 디자인**　　앤미디어

**펴낸 곳**　　터닝포인트(www.turningpiont.co.kr)
**등록번호**　　제2005-000285호
**주소**　　(03991) 서울시 마포구 동교로27길 53 지남빌딩 308호
**전화**　　(02)332-7646
**팩스**　　(02)3142-7646
**ISBN**　　979-11-6134-018-0 13590
**정가**　　13,000원

**내용 및 원고 집필 문의**　　diamat@naver.com
(터닝포인트는 삶에 긍정적 변화를 가져오는 좋은 원고를 환영합니다.)

이 도서의 국립중앙도서관 출판예정도서목록(CIP)은 서지정보유통지원시스템
홈페이지(http://seoji.nl.go.kr)와 국가자료공동목록시스템(http://www.nl.go.kr/kolisnet)에서 이용하실 수 있습니다.
(CIP제어번호 : CIP2018009284)